Über dieses Buch Den Engländer David Taylor darf man getrost als Veterinärpapst für exotische Tiere bezeichnen. Wenn es um vierbeinige Stars wie beispielsweise die einem königlichen Konsortium unterstellten Pandabären in Madrid oder den mehr als 50 000 Pfund Sterling teuren Lieblingsfalken eines arabischen Scheichs geht, jettet der renommierte Tierdokter um die Welt.

Mittlerweile hat David Taylor mit seinen Büchern bewiesen, daß er auf der Ebene des humorvollen Erzählens dem neugierig und interessierten Leser, der nicht immer ein Zoobesucher sein muß, sein Engagement vor Ort nahezubringen weiß. Sein staubtrockener englischer Humor, den es offenbar in britischen Gefilden rezeptfrei gibt, macht auch sein ›Panda-Buch‹ zu einem reinen Lesevergnügen.

Neben den Pandabären aus dem Zoo in Madrid treten u. a. auf: Schwertwale aus der Arktis, die überraschenderweise an Frostbeulen leiden, fußballspielende Giraffen in Afrika und ein südamerikanisches Gürteltier, das sich in London verlaufen hat und von zwei schirmschwingenden älteren Damen gerettet wird, die es einer Jugendbande entreißen. Über fast allen Geschichten des fliegenden Tierdoktors liegt ein Hauch vom Duft der großen weiten Welt, in der die vierbeinigen, fliegenden oder schwimmenden Patienten zu Hause sind.

Der Autor David Taylor wurde 1934 in Rochdale, Nordengland, geboren und bildete sich an der University of Glasgow zum Veterinär aus. Schon sehr früh begann er sich auf wilde, exotische Tiere zu spezialisieren, ein damals noch unerforschtes Gebiet der Tiermedizin.

So wurde er zum Berater von Zoos, Tierparks und Delphinarien auf der ganzen Welt, zum fliegenden Wildtierdoktor. In der Schweiz ist Dr. Taylor der »Hausarzt« der Meeressäuger der Zirkusfamilien Knie und Gasser.

Als Fischer Taschenbuch lieferbar: ›Das Nilpferd muß ins Bett‹ (Bd. 8059), ›Ein Herz für wilde Tiere‹ (Bd. 3010), ›Zwei Meter Halsschmerzen‹ (Bd. 8060).

David Taylor

Der nächste Panda bitte …

Aus dem Englischen von
Ursula von Wiese

Fischer Taschenbuch Verlag

Ungekürzte Ausgabe
Veröffentlicht im Fischer Taschenbuch Verlag GmbH,
Frankfurt am Main, Februar 1986

Lizenzausgabe mit freundlicher Genehmigung der
Schweizer Verlagshaus AG, Zürich
Die englische Orginalausgabe erschien 1982 unter dem Titel
›Next Panda, please! Further Adventures of a Wildlife Vet‹
bei George Allen & Unwin Ltd., London

Umschlaggestaltung: Rambow, Lienemeyer, van de Sand
Umschlagillustration: Looser/Brenner
Gesamtherstellung: Clausen & Bosse, Leck
Printed in Germany
880-ISBN-3-596-28180-6

1

»Mögen Sie Warzenschweine?« fragte meine Gastgeberin so beiläufig, wie man sich erkundigt, welche Musik der andere bevorzugt oder wieviel Zucker er im Tee wünscht.

Bisher hatte ich noch nie darüber nachgedacht, ob ich Warzenschweine grundsätzlich mag oder nicht. Einmal hatte ich in Nordkenia ein Auto zu Bruch gefahren, als ich in ein Loch geraten war. Warzenschweine pflegen nämlich solche Fallen zu bauen. Andererseits sind Warzenschweine im Zoo sehr beliebt, sie sind sanftmütige Geschöpfe, die sich gut anpassen. Ihr ulkiges Gesicht zieht die Besucher an, und sie machen wenig Mühe, da sie widerstandsfähig, leicht zu füttern und langlebig sind. In den wenigen Fällen, in denen ich ein Warzenschwein ärztlich betreuen mußte, handelte es sich um arthritische Gelenke, eine Alterserscheinung. Eine liebe alte Seele hatte im Zoo Bellevue in Manchester 16½ Jahre lang gelebt, ohne auch nur einen Tag krank zu sein. Ja, wenn ich es mir recht überlege, mag ich Warzenschweine ganz entschieden gern. Wie alle Schweinearten sind sie meiner Erfahrung nach sauber, intelligent und charaktervoll.

»Ja«, beantwortete ich die Frage, »ich mag Warzenschweine. Warum?«

»Nicht weit von hier haust im Gebüsch ein entzückender Warzeneber. Er heißt Walter und ist versessen auf Kartoffeln. Ich gehe ein paar holen, und dann rufen wir ihn.«

Meine Gastgeberin war Betty Leslie-Melville, eine interessante Dame, die auf ihrem Besitz in Kenia eine junge Giraffe, Daisy Rothschild genannt, großgezogen und dann in die Freiheit entlassen hatte. Zahme Giraffen – und nun Kartoffeln für ein freilebendes Warzenschwein! Betty Leslie-Melville hatte wirklich einen ganz besonderen Zugang zum Leben in der Wildnis.

Nachdem sie mit einem Sack Kartoffeln zurückgekehrt war, wies sie mich an, ganz still auf dem Gras am Rande der Terrasse zu sitzen, und häufte Kartoffeln neben mich. Ich durfte mich nicht rühren und kein Wort sagen. »Walter ist ein bißchen nervös«, erklärte sie. Dann rief sie zum Wald hinüber: »Wal-ter! Wa-a-a-alter!«

Es war spannend, im Gras zu sitzen und auf ein zentnerschweres

Warzenschwein mit gefährlich aussehenden gebogenen Eckzähnen zu warten. Mag es in der Gefangenschaft auch zahm werden, ein wilder Warzeneber ist ein streitsüchtiges, unberechenbares Geschöpf.

»Wa-a-a-alter!« rief Betty abermals. »Vielleicht ist er gerade auf Nahrungssuche.«

Plötzlich tauchte in der Ferne ein Warzenschwein auf. Es kam mit gespitzten Ohren und hochgeringeltem Schwanz aus dem Wald. Es zögerte ein Weilchen, als es außer Deckung war, äugte zu uns herüber und trottete schließlich auf uns zu. Betty rief zum letztenmal seinen Namen und ermahnte mich, ganz still zu bleiben.

Walter kam immer näher. Er war ein prächtiges Tier mit seinem über 60 Zentimeter hohen, tonnenförmigen Leib und den glänzenden Äuglein im wild aussehenden Knubbelgesicht. Der stramm gestreckte Stachelkopf erinnerte mich an einen schnurrbärtigen, reizbaren Feldwebel.

Als er zehn Meter von mir entfernt war, beäugte er mich scharf. Jetzt streckte er den Schwanz gerade in die Luft, und die struppige Rückenmähne war teilweise gesträubt. Er schnupperte, ließ den Blick zu dem Kartoffelhaufen gehen und beschloß, ein Scharmützel mit dem Fremden zu wagen. Ganz langsam rückte er vor, wobei die Äuglein zwischen mir und den Kartoffeln hin und her flitzten. Ich nahm jetzt einen Warzenschweingeruch wahr und konnte die Risse in der Schönheitsmaske aus getrocknetem Lehm, die sein wildes Gesicht bedeckte, deutlich sehen. Ich hielt den Atem an. Es war ein magischer Augenblick. Keine Käfigstangen, kein Beruhigungsmittel, kein trennender Wassergraben. Hier bot sich die seltene Gelegenheit, einem Wildtier ohne die Hilfe derartiger künstlicher Schutzmittel Aug in Aug zu begegnen. Nun ja, Walter war von berechnender Liebenswürdigkeit, wenn es etwas zu fressen gab, er hatte es auf die Kartoffeln abgesehen; dennoch wird der Mensch von seinen Artgenossen als gefährliches, nicht vertrauenswürdiges Geschöpf gescheut.

Walter kam bei meinen Schuhen an. Er war sehr wachsam und gespannt wie eine Sprungfeder. Er machte sich über die Kartoffeln her, wobei seine Vorderfüße ein wippendes Tänzchen vollführten, so versessen waren sie darauf, ihn von dem merkwürdig riechenden Affen wegzutragen, sobald die Mahlzeit beendet war. Walter behielt mich im Auge, fraß aber weiter. Meine Hand war dreißig Zentimeter von seinen riesigen, gebogenen Eckzähnen entfernt, dann fünfzehn, dann zehn. Atemlos schob ich meine Hand näher. Ich berührte das harte Elfenbein. Walter verschlang die letzte Kartoffel, grunzte zufrieden und kehrte sich ab, aber ich hatte tatsächlich ein freilebendes, unbetäubtes Warzenschwein berührt. Als Walter mit schlenkerndem, vollem Bauch und wedelndem Schwanz zum Wald zurücktrottete, wurde mir klar, daß dieses Erlebnis der Höhepunkt meines Aufenthalts in Kenia gewesen war.

Meine Begegnung mit Walter ereignete sich ungefähr zehn Jahre nachdem ich beschlossen hatte, mein Leben als gewöhnlicher Tierarzt aufzugeben und mich nur noch freilebenden und exotischen Tieren zu widmen. In diesem Zeitraum hatte ich fast 400 000 Kilometer im Flugzeug zurückgelegt, in 31 verschiedenen Ländern gearbeitet und rund 50 000 Pfund für Flugscheine ausgegeben. Aber mein Leben bestand keineswegs nur aus Champagner, Austern und niedlichen Koalabären (Koalabären sind im allgemeinen streitsüchtig, sie beißen und kratzen bei jeder passenden und unpassenden Gelegenheit). Das Leben eines vagabundierenden Tierarztes, der stets unterwegs ist und nicht einmal den »Landurlaub« der Seefahrer genießen kann, bringt zahlreiche Schwierigkeiten. Ich gewöhnte mich daran, an Geburtstagen und Festtagen im Ausland zu sein. Ich hatte drei Weihnachts- und zwei Sivesterfeste versäumt, unzählige Einladungen zum Abendessen im letzten Augenblick abgesagt, Theaterkarten verschleudert und die Ferien mit meiner Frau und meinen beiden Töchtern abgebrochen. Trotzdem – und dabei läßt sich ein Element der Selbstsucht nicht leugnen – bereute ich meinen Entschluß keinen Augenblick. Meine Wanderarbeit saß mir jetzt im Blut, und die Tage der Hunde und Katzen, Schweine und Kühe gehörten in ein vergangenes Leben. Zur allgemeinen Praxis in meiner Heimatstadt Rochdale zurückzukehren, war unvorstellbar. Es ist es noch immer.

Das Schicksal hatte mir auch andere Karten zugeteilt: Während meiner Reisen in England hatte ich Hannelore Lonkwitz kennengelernt, eine reizende Deutsche aus Ostpreußen und Freundin meiner Schwester. Sie lebte in der Nähe von Windsor und begleitete mich zuerst im dortigen Safari-Park, dann zu den Londoner Delphinarien und immer weiter. Hanne und ich wurden dicke Freunde. Bei Jim McNab, dem Oberwärter in Windsor, hatte Hanne den Gebrauch des Narkosegewehrs erlernt. Wir drei verbrachten viele Stunden damit, zu Fuß in dem Löwen- und Tigerreservat herumzuschlendern, ungeschützt vor den Großkatzen, die damals noch jung waren und unerfahren in der Kunst, Menschen zu beschleichen und zu verfolgen. Das alles hörte eines denkwürdigen Tages auf, an dem ein Löwe den inspizierenden Sekretär des Verbandes Zoologischer Gärten angriff und ihn so zurichtete, daß er ins Krankenhaus mußte.

Hanne begleitete mich auch auf meinen Delphin-Beobachtungsreisen. In jenen Jahren war die Südküste Englands voller Delphinarien. Auf dem Höhepunkt, im Jahr 1972, gab es in England und Schottland 22 Delphinarien. Hanne bekam rasch das »Gefühl« für Meeressäugetiere und ließ sich von dem beständigen Lächeln der schnabelmäuligen Delphine, die sich zu Tode fressen und spielen können, nicht mehr täuschen. Alle paar Wochen verbrachten wir einen Abend im Londoner Delphinarium an der Oxford Street, wo wir nach der letzten Vorstellung den Gesundheitszustand der Tiere prüften, die eng zusammengepfercht unter dem Soho Square lebten.

Um einen Delphin zu untersuchen, muß man ihn aus dem Wasser ziehen. Wenige Menschen können einen frei in tiefem Wasser schwimmenden Delphin ohne Zuhilfenahme eines weichen Netzes fangen, das bleibeschwert bis zum Boden reicht. Ich glaube, daß es Delphinen Spaß macht, für eine medizinische Untersuchung gefangen zu werden; dabei bietet sich einem Delphin viel Gelegenheit zu spielen und die Menschen, die sich mit dem Netz abmühen, zum Narren zu halten. Das Fangspiel läßt sich auf herrliche Weise vielfach abwandeln. Da ist zum Beispiel der Sprung über das Netz. Diesem Scherz folgt das Kunststück, das Netz vom Boden zu heben oder sich selbst zwischen den Netzrand und die Wand zu quetschen. Oder man kann – vorausgesetzt, man ist ein Delphin – unter Wasser geradewegs ins Netz schwimmen, sich bewußtlos stellen und dann, wenn sich der erschrockene Homo sapiens bemüht, das Netz herauszuziehen, und – o Superspaß – einem Artgenossen befiehlt, vollbekleidet ins Wasser zu springen, um einem zu Hilfe zu kommen, die Schnauze über das Netz strekken, über den Rand schlüpfen und mit einem einzigen Schwanzschlag alle am Beckenrand stehenden Leute bespritzen.

Wenn ein Homo sapiens, ausgerüstet mit Schnorchel und Maske, ins Wasser steigt, um einen zu packen, bereitet es ein unheimliches Vergnügen, ihm beim Auftauchen die Maske vom Gesicht zu reißen. Menschen sind im Wasser etwa so geschickt wie

Treibholz. Am meisten bringt es die Landratten zur Verzweiflung, wenn man ein paar Minuten lang auf dem Boden des Beckens liegt. Sie warten darauf, daß man an die Oberfläche kommt. Während die Zeit vergeht, werden sie ungeduldig und besorgt und vergessen die Tatsache, daß Delphine den Atem siebenmal länger anhalten können als Menschen. Wahrhaftig, schließlich schicken sie ein ungelenkes Exemplar herunter, das nachsehen soll, was los ist; dann schnappt man nach seiner Kniekehle, und man kann entrinnen, während es verwirrt ans Ufer zurückpaddelt. Natürlich streckt man nach jeder geglückten Flucht den Kopf aus dem Wasser, schnattert frech und fordert eine Fischbelohnung.

Derartige Spiele sind für die Delphine meist lustiger als für die beteiligten Menschen, aber einmal retteten sie mir das Leben. Ich hatte vorgehabt, im Delphinarium auf Mallorca Blutproben von einigen Delphinen zu entnehmen und dann schnurstracks zum Flughafen zu fahren, um mit der Frau des Direktors nach London zu fliegen. So munter und gekonnt trieben die Delphine ihre Spiele, daß ich der Dame vorschlug, schon vorauszufahren und die Bordkarten zu besorgen; ich wollte nachkommen, sobald die verflixten Tiere mit ihren Possen aufgehört und ich die paar Teelöffel voll Blut eingesammelt hatte, die ich brauchte. Wir kämpften mit den Hanswursten, aber unermüdlich hielten sie uns in Atem, wobei es schien, als ob ihre großen dunklen Augen vor Vergnügen funkelten. Alle außer den Delphinen wurden bitterböse. Als ich endlich meine Blutproben hatte, stellte ich fest, daß das Flugzeug bereits abgeflogen war. Das nächste ging erst am folgenden Tag, dabei wartete ein kranker Davidshirsch im Zoo von Manchester auf mich. Ich verließ in sehr schlechter Stimmung das Delphinarium, um mich wieder in dem Hotel einzuquartieren, aus dem ich am Morgen ausgezogen war. Unterwegs kam mir der Pressemann des Unternehmens entgegen. Als er mich erblickte, reagierte er sonderbar. Er setzte sich plötzlich auf den staubigen Boden, wurde weiß wie eine Penicillinflasche, deutete auf mich und krächzte: »Sie sind doch tot!«

Etwas Entsetzliches war geschehen. Das Iberia-Flugzeug, mit dem ich hatte fliegen wollen, war mit einer Spantax-Chartermaschine in der Nähe der französischen Grenze zusammengestoßen. Alle an Bord der Iberia-Maschine waren umgekommen, auch die Frau des Direktors, und mein Name war auf der Liste der Passagiere gestanden. Der Pressemann, der nichts von meiner Verspätung durch die neckischen Delphine gewußt hatte, und ich, der dem Tod Entronnene, brauchten mehrere Gläser Carlos Primero Cognac, um uns vom größten Schrecken zu erholen. Seither ist meine Geduld unerschöpflich, wenn ich warten muß, bis meine Delphinpatienten sich einfangen und untersuchen lassen.

Hanne war dabei, als ich eines Abends im Londoner Delphinarium vor dem Problem stand, bei einem alten Delphin eine Vene für eine Blutentnahme zu finden. Terry Nutkins, der Pfleger der Tiere und andere erfahrene Delphinspezialisten kauerten rings um mich, während ich herumfummelte. Nichts war zu sehen von dem dunklen Schatten oder der leichten Furche, die die einzigartigen, wärmeaustauschenden Blutgefäße der Delphine anzeigen. Ratschläge wurden mir gegeben, die Leute ächzten, und der Direktor wurde immer ungeduldiger. Ein peinlicher Mißerfolg. Plötzlich beugte sich Hanne, die meine Ärztetasche im Arm hielt, über die Köpfe der ratlosen Männer, deutete mit dem Zeigefinger auf einen Punkt der grauen Schwanzflosse und sagte laut: »Entschuldigung. Stich da hinein.« Wir schmunzelten alle gönnerhaft. Wer hatte jemals von einem Blutgefäß gehört, das so weit vom Flossenrand entfernt lag? »Da!« wiederholte Hanne. Schaden konnte ein weiterer Mißerfolg nicht. O diese Preußen! dachte ich, während ich die Nadel einstach. Sofort füllte sich der Spritzenkolben mit Blut. Mit einem Schlag geriet Hanne in den Ruf einer Hellseherin in bezug auf schwierige Delphine.

Es war wohl unvermeidlich, daß wir uns ineinander verliebten, als sich meine Bande zum Norden, den Sümpfen und den verregneten Straßen von Lancashire, auch meine Verbindung mit Shelagh, immer mehr lockerten. Ich mußte das bisher Unvorstellbare bedenken: ein neues Leben zu beginnen, fern von dem alten Bauernhaus am Rande der Stadt, wo ich geboren war, fern von der offenherzigen Vitalität des Lebensstils in der Stadt der Baumwollindustrie und dem schneidenden Wind, der von den Hängen der Penninen herunterpfeift und den schmutziggrauen umherziehenden Marschschafen Beine macht.

Nach geraumer Zeit waren wir beide geschieden, und gemeinsam kauften wir ein kleines Haus in Lightwater in der Grafschaft Surrey, das auch Hannes Söhnen Andreas und Martin als neues Heim dienen sollte. Die einst unvorstellbare Trennung von Lancashire war vollzogen; dennoch fuhr ich regelmäßig nach Manchester zum Zoo Bellevue, wo ich nach wie vor für die medizinische Versorgung der Tiere verantwortlich war. Dann benutzte ich auch die Gelegenheit, meinen Partner Andrew Greenwood in der Praxis in Keighley aufzusuchen.

Unser Haus in Lightwater wurde das Büro im Süden, so daß Hanne die Festung halten konnte, wenn ich abwesend war. Ich rief sie regelmäßig an. Auch als ich mich in Kenia bei Betty Leslie-Melville aufhielt, rief ich zu Hause an und bekam von Hanne eine wundervolle Nachricht zu hören. Dr. Marguerita Celma, Leiterin der biologischen Abteilung des Madrider Zoos, hatte angerufen, um uns zu sagen, daß der Zoo ein Paar Große Pandas erhalten werde.

»Beschaffe mir aus der Universitätsbibliothek Fotokopien von allem, was über Pandas veröffentlicht worden ist«, bat ich Hanne, vor Aufregung buchstäblich zitternd. »Kannst du dir vorstellen, was das für mich bedeutet? Nie hätte ich es mir träumen lassen, mit Großen Pandas zu tun zu bekommen!«

»Du hoffst doch nicht etwa, daß sie krank werden«, erwiderte sie vorwurfsvoll.

»Natürlich nicht. Aber ich möchte einen anfassen.«

Als ich 1974 in China gewesen war, hatte ich fast alle dortigen in Gefangenschaft lebenden Pandas gesehen, ich hatte auch die Pandas in London, Washington und Paris gesehen, aber nie war ich mit ihnen in nähere Berührung gekommen, von einer Betreuung oder Behandlung dieser geheimnisvollen Geschöpfe gar nicht zu reden. Die chinesischen Beamten, die mich und meinen Gefährten Gary Smart in Peking, Kanton und Schanghai durch die Pandapavillons geführt hatten, waren streng darauf bedacht gewesen, daß wir von dem Gitter Abstand hielten. Nach der Art, wie sie uns bewachten, uns am Arm packten und sich dazwischen warfen, wenn wir einen kleinen Schritt näher ans Gitter traten, hätte man meinen können, wir wären tolpatschige Dummköpfe oder die Pandas die gemeinsten Vierbeiner seit dem elf Meter langen Tyrannosaurus.

»Ob sie wohl befürchten, wir wollten die Tiere umbringen?« flüsterte mir Gary einmal zu, als wir in Peking versucht hatten, hinter unseren Führern zurückzubleiben, um zu sehen, was geschehen würde, wenn wir uns den anscheinend so gutmütigen, bambusknabbernden Pandas näherten, ohne von einer Mauer blaugekleideter, nervöser Chinesen umgeben zu sein. Es hatte nichts genützt. Die Mauermenschen hatten Augen im Rücken; sie durchschauten unser Vorhaben und machten es zunichte. Sie stürzten sich auf uns, und im Übereifer stolperte unser Dolmetscher und riß mich mit sich zu Boden. Die ganze offizielle Schar landete kunterbunt durcheinandergewirbelt vor den Pandas, die diplomatischerweise so taten, als merkten sie nichts. Gary und ich wurden mit unverständlichen Zurechtweisungen bedacht und am Abend, sicher zur Strafe, ins Theater geführt, wo wir eine revolutionäre Oper durchsitzen mußten, die wir schon am vohergegangenen Abend über uns hatten ergehen lassen müssen.

Allerdings habe ich mir nie vorgemacht, Pandas seien so etwas wie lebendige Teddybären. Der Große Panda oder Bambusbär, der zwar nicht zu den Bären gezählt wird, hat das Gewicht, die Kompaktheit und den kräftigen Biß des schwarzen Himalajabären. Ein solches Tier kann mit Leichtigkeit einen Menschen in die Mangel nehmen, wenn ihm der Sinn danach steht, und auch die bärenhaften Pranken – nicht umsonst wird er unter anderem Prankenbär genannt – können wild zuschlagen. Er hat nämlich besonders stählerne Greifballen an den Vorderpfoten, mit denen er Nahrungsmittel und andere Gegenstände wie mit einer Hand erfaßt. Wenn er gereizt oder mißgelaunt damit einen zarteren Körperteil packt, ist der Schraubstock, der in den James-Bond-Filmen angewendet wird, im Vergleich so schonend wie die Hand einer Geisha. Es ist übrigens nicht verwunderlich, daß die Großen Pandas, die, von Natur aus Einzelgänger, in den Wäldern und im Bambusdickicht der hohen Berghänge von Westsetschuan hausen, rätselhaft und schwer zu verstehen sind. Sie sind launisch und unberechenbar und manchmal, zumal wenn sie älter werden, recht wild.

Nein, ich war nicht so töricht, anzunehmen, ich könnte freudig auf einen Prankenbär zulaufen, der auf dem Rücken liegt und unter Benutzung beider Hände an einem dicken Zuckerrohr knabbert und ihm den runden Bauch kraulen. Ich wünschte mir nur eine Gelegenheit, mich mit ihm zu befassen. Bis jetzt hatte ich meine einzige Chance darin gesehen, daß in einem der Zoologischen Gärten, für die ich arbeitete, Pandas eingeliefert würden, was ein unerfüllbarer Traum zu sein schien. Die wenigen Exemplare, die von den Chinesen freigegeben worden waren, hatten ihr Heim in Zoos befreundeter Staaten gefunden. London hatte zwar ein Paar, aber dort hatte man ein eigenes tierärztliches Institut. Ich hatte mich damit begnügen müssen, ab und zu einen hübschen Kleinen

Panda, ein grundsätzlich anderes Tier, zu beobachten und zu behandeln.

Nun war es soweit. Mao war tot, und China suchte Freunde. Franco war tot, und auch Spanien nahm unter König Juan Carlos einen neuen, offenen Stil an. Was diese Veränderungen in globaler und politischer Hinsicht zu bedeuten hatten, war Sache der Staatsmänner. Die kleine Rosine, die aus dem Kuchen für mich persönlich abfiel, war das Geschenk, das die Chinesen dem spanischen König gemacht hatten. Während das russische Staatsoberhaupt Breschnew angeblich eine Garage voller luxuriöser ausländischer Automobile hatte, die ihm geschenkt worden waren, und der französische Präsident Giscard d'Estaing von seinen Staatsbesuchen in Zentralafrika mit funkelnden Steinchen in den Taschen zurückkehrte, hatte König Juan Carlos ein Paar der fabelhaftesten von allen seltenen Säugetieren geschenkt bekommen. Er konnte aber nicht zulassen, daß die Pandas ihr Geschäft auf den dicken blauen Teppichen des Palacio Real erledigten, und so hatte er die beiden kostbaren Geschenke einem neuen Zoo zur Betreuung übergeben, etwa einen Kilometer von seinem Badezimmerfenster entfernt, und zwar einem Zoo, der mich schon seit geraumer Zeit regelmäßig als tierärztlichen Berater beizog.

Der Madrider Zoo gehört zu den schönsten Anlagen in Europa. Er liegt in dem ausgedehnten Waldgelände Casa de Campo außerhalb der Stadt und ist großartig entworfen, so daß er dem Besucher ein reizvolles Naherholungsgebiet und den Tieren gleichzeitig einen guten Lebensraum bietet. Anstatt nach dem Muster alter naturalistischer Vorstellungen kleine Tierbehausungen aufzustellen, hat man hier moderne Gebäude und gute Gartenanlagen erstellt, die den funktionellen und psychischen Bedürfnissen der Tiere Rechnung tragen. Es sind künstliche Gebilde, aber dem Auge des Besuchers wohlgefällig. Die Steinböcke müssen zum Beispiel nicht über Miniberge aus Gunit klettern, sondern haben einen großen »Hochzeitskuchen« aus Beton, den ein führender spanischer Bildhauer geschaffen hat. Er gibt sich nicht den Anschein, ein Berg zu sein, sondern ist die richtige Umgebung für die Steinböcke, die hier umhertollen, übers Land spähen oder friedlich dösen können. Die Sammlung des Zoos umfaßt so wichtige Tiere wie Okapis, Riesenottern vom Amazonas, Kaiseradler und Pumas aus Patagonien. Das sind Namen, die Geister beschwören!

Als ich aus Nairobi zurückkehrte, holte mich Hanne in

Heathrow ab – wie stets, auch nach der kürzesten Auslandreise – und reichte mir zwei Fotografien. »Heute früh aus Madrid gekommen«, sagte sie. Es waren Aufnahmen der beiden neuen Großen Pandas, Chang-Chang und Shao-Shao, die im Flughafen Barajas unter den wachsamen Augen meines guten Freundes Antonio-Luis, Kurator und Veterinärassistent im Madrider Zoo Casa de Campo, gerade ausgeladen wurden.

Sowie wir zu Hause angelangt waren, buchte ich zwei Plätze für den nächsten Flug nach Madrid, und dort kamen wir bei bitterkaltem Winterwetter im Zoo an. Ich liebe die Stille des Parks unter dem hellblauen Himmel dieser Jahreszeit. Die Tiere wirken dann entspannter. In der Luft liegt nicht die unterdrückte Erwartung, die sich beim ersten Anzeichen des Frühlings bemerkbar macht. Viele Weibchen sind trächtig. Die Geräusche des Tiergartens, gedämpfte Schreie, Knacken, Schlurfen und kehliges Grunzen, werden klar durch die Frostluft getragen. Büffel und Elefantenrobben blasen weiße Rauchwolken aus, wenn sie den Kopf vorstrecken und schnüffeln, um zu ergründen, was der Wind bringt. Am angenehmsten ist es, daß nur wenige Besucher da sind, keine lärmenden Kinder, kein Geruch von schwitzenden Kinderwagenschiebern und Schokolademilch.

Wir begaben uns vom Taxi aus schnurstracks zum neuen Pandahaus. Hier fanden wir Antonio-Luis und seine Frau Liliana, eine hübsche Argentinierin, die als Obertierärztin des Zoos amtet und mit der wir ebenso befreundet sind wie mit ihrem Mann. Beide überwachten die Zubereitung des Mittagsmahles für die Pandas, die ihre besonderen Betreuer hatten, einen Biologen und zwei ältere Wärter, alle in weißen Kitteln. Ihre einzige Aufgabe bestand darin, sich der Neuankömmlinge anzunehmen. Pandas beanspruchen immer ein ganzes Gefolge, sogar noch mehr als Delphine und Wale, und den Katzenbären, den Kleinen Pandas, stand tatsächlich ein eigener Tierarzt zur Verfügung, der sich einzig und allein um sie kümmerte (kein guter Gedanke, meiner Meinung nach).

Stolz wie frischgebackene Eltern machten Antonio-Luis und Liliana uns mit Chang-Chang und Shao-Shao bekannt. Da waren sie in ihrem neuen Heim, das zwei getrennte bequeme Schlafquartiere und einen grasgepolsterten Auslauf hatte. Daneben waren ein Wärterraum (mit Bett, denn die Tiere wurden rund um die Uhr betreut), eine Küche und ein Käfig. Der Käfig, der sich verengen ließ, war in einen Durchgang eingebaut, den die Pandas täglich benutzten, und enthielt eine automatisch registrierende Waage. Die Pandas waren prächtige Tiere, offensichtlich in glänzender Verfassung, und zeigten herzhaften Appetit. Sie genossen den spanischen Bambus und schmatzten wohlig, während sie den frischgekochten Reis mit geriebenen Mohrrüben und Äpfeln verzehrten. Zu meiner großen Freude durfte ich zu dem Männchen Chang-Chang hineingehen und ihm eine Schale warme Milch geben; dabei berührte ich ihn sachte mit der anderen Hand. Ich fühlte seine Haare – sie waren gröber und fettiger, als ich sie mir vorgestellt hatte – und stupfte den kompakten Leib: Phantastisch! Chang-Chang betrachtete mich freundlich mit Augen, die wie Knöpfe aus schwarzem Öl waren, und gab keinen Ton von sich. Man hielt es nicht für ratsam, sich solche Freiheiten Shao-Shao gegenüber herauszunehmen, die laut Angabe der Chinesen ein »Retortenbaby« war, durch künstliche Befruchtung entstanden, und als viel launischer und reizbarer galt. Hanne schien jedoch durch die Fütterungsklappe in ihrer Tür sehr gut mit ihr auszukommen.

Der Zoo hatte sich mit allen Mitteln bemüht, den beiden Tieren optimale Lebensbedingungen zu bieten. Im Winter wurde ihre Behausung geheizt, im Sommer standen ihnen eine schattige Veranda und eine Dusche zur Verfügung. Ich fragte mich, ob diese Vorrichtungen zur Kühlung in den sengendheißen Juli- und Augusttagen genügen würden. Vielleicht wäre eine Klimaanlage notwendig gewesen, denn Bambusbären vertragen mit ihrem dikken Fell nicht allzuviel Hitze. Sie bevorzugen Höhenlagen von 1500 bis 4000 Meter, in denen oft sogar hoher Schnee liegt.

Wir sprachen über ihre Ernährung. Täglich kamen frische Bambushalme vom Lande, wie man hoffte, aus unverseuchtem Gebiet, die in einem kühlen Raum aufbewahrt wurden. Für den Fall, daß ein nachlässiger Bauer Insektizidspray zu dem Bambus hatte wehen lassen, wurden die Halme vor der Fütterung in sauberem Wasser gründlich gespült.

Damals war noch sehr wenig über Biologie und Pflege der Bambusbären veröffentlicht worden, aber was es gab, das hatte ich gelesen, und mit den wenigen Tierärzten, die weltweit mit ihnen in Berührung gekommen waren, hatte ich gesprochen oder korrespondiert. So wußte ich, daß medizinische Präventivmaßnahmen sofort in Angriff genommen werden mußten. Ich sammelte Kotballen, um sie zu Hause auf Parasiten untersuchen zu lassen, da ich auf keinen Fall mit einem »unbekannten« Tier eine Wurmkur machen wollte, wenn es nicht unbedingt notwendig war. Schutz gegen Viruskrankheiten mußte in erster Linie bedacht werden, aber was für Viren befielen Bambusbären? Noch wichtiger, wie wirkten sich Impfstoffe bei diesen rätselhaften Tieren aus? Ein Impfstoff, den die eine Art gut verträgt, ohne daß sich Nebenwirkungen ergeben, kann bei einer anderen Art zu gefährlichen oder gar tödlichen Erlebnissen führen. Ich hatte selbst erlebt, daß Vakzine für Schafe und Schweine bei Delphinen Böses anrichteten und daß das Vakzin der Hauskatze von Geparden und kleineren exotischen Katzenarten häufig nicht vertragen werden. Natürlich produzierte keine chemische Fabrik einen besonderen Impfstoff für unseren Freund *Ailuropoda melanoleuca*, den Großen Panda.

Antonio-Luis fragte mich, wann ich die Frage der Impfung entscheiden würde. Nach gründlichem Nachdenken sagte ich ihm, ich fände es vernünftig, Chang-Chang und Shao-Shao gegen Krankheiten zu impfen, denen die nächsten Verwandten der Pandas am meisten ausgesetzt sind. Der Panda wurde früher der Familie der Procynoidae (Kleinbären) zugeteilt, die ausschließlich die Neue Welt bewohnen. Zu ihnen gehören unter anderen Waschbär, Coati, Wickelbär sowie zwei Geschöpfe, von denen die meisten Menschen nicht einmal den Namen kennen: der Schlankbär und der selten ausgestellte Alingo. Die Procnoidae können von dem Virus befallen werden, der die übliche Darmkrankheit der Katzen hervorruft, und wie viele Tiergärten ist der Madrider Zoo ein Magnet für streunende, futtersuchende Katzen. Auch die unzähligen Nagetiere, die sich hier häuslich niederlassen, sind nicht auszumerzen, und sowohl Mäuse wie auch Ratten können Bakterien einschleppen, die Leptospirose hervorrufen. An sich war es unwahrscheinlich, daß meine neuen Schützlinge jemals mit Hunden in Berührung kommen würden, aber bedenken mußte ich doch, daß die Vettern des Pandas für Staupe, Hepatitis und wie alle Säugetiere für Tollwut anfällig sind. Tote Staupe-Erreger wurden nicht mehr hergestellt, und ich hätte lieber tote als lebende Erreger als Impfstoff benutzt, um keine Impfschäden zu riskieren. Zudem wollte ich nur gute britische Produkte benutzen, von Firmen hergestellt, denen ich traute. Das beruht nicht auf Chauvinismus, sondern auf Erfahrung: Mein Partner Andrew Greenwood hatte aus vielen ungeöffneten Flaschen mit angeblich toten Krankheitserregern gefährliche Bakterien kultiviert, und alle hatte er vom Kontinent bezogen.

Die Gefahr einer Tollwutinfektion war minimal, da in der Umgebung von Madrid kein Fall vorgekommen war, nur in fernen Waldgebieten. Ich faßte meinen Entschluß. Die Pandas sollten gegen die Katzen-Enteritis geimpft und auch vor Leptospirose geschützt werden. Ich schlug Liliana und Antonio-Luis vor, die Tiere in den Käfig zu schaffen und die Schutzimpfungen sofort vorzunehmen.

Ich merkte, daß meine Freunde Angst bekamen. Sie machten lange Gesichter, sagten aber kein Wort.

»Keine Sorge«, sagte ich. »Es hat keinen Sinn, damit zu warten. Wenn es geschehen soll, dann je eher, desto besser. Ich verbürge mich dafür, daß keine Nebenwirkungen auftreten werden.« In Anbetracht der Tatsache, daß ich als erster einem Großen Panda eine Injektionsnadel ins Fleisch stoßen würde, mußte das recht überheblich klingen.

»Wenn ein Impfschaden auftreten würde, wie lange würde es nach der Impfung dann dauern?« fragte Hanne schüchtern.

»Oh, lange bevor unser Flugzeug nach London abgeht, mein Herz«, antwortete ich. »Die Guardia Civil hätte genügend Zeit, die Grenzen zu schließen.« Ich lachte ein wenig hohl. Verflixt, noch mehr solche Fragen, und ich würde selbst zu zweifeln beginnen.

Wenigstens wußten Liliana und Antonio über die Wichtigkeit der Schutzimpfung Bescheid. Manchmal finden Laien, daß Präventivmedizin das Schicksal herausfordert und Geldverschwendung ist, obwohl es in unserer aufgeklärten Zeit üblich ist, daß sich Menschen regelmäßig untersuchen und gezwungenermaßen impfen lassen. In einem englischen Safari-Park, wo ich veranlaßt hatte, daß den Giraffen täglich Vitamin E mit der Nahrung eingegeben werden sollte, seit mir viele Jahre früher Giraffen infolge einer Herzmuskelschwäche unter den Händen gestorben waren, wurde ich zu meiner Verwunderung zu einem toten Tier gerufen, das die typischen post-mortem-Anzeichen des Vitamin-E-Mangels zeigte. Sehr bald fand ich heraus, daß der Direktor den Vitaminzusatz als »kostspieligen Luxus« untersagt hatte. »Die Giraffen sind ja kerngesund und vermehren sich«, hatte er sich dem Kurator gegenüber gerechtfertigt. »Wozu also Medizin geben?« Dieser Einstellung war ich schon als ganz junger Veterinär bei den Bauern rings um Rochdale begegnet. Dort hatte ein Schäfer in jedem Frühling große Verluste unter seinen Lämmern erlitten. Als Ursache stellte ich eine infektiöse Nierenerkrankung fest, und ich riet dem Schäfer, seine Herde jedes Jahr mit einem billigen, wirksamen Vakzin zu impfen. Das Ergebnis war, wie erwartet, dramatisch: Kein einziges Lamm ging mehr an der Krankheit ein. Nach drei Jahren aber beklagte sich der Schäfer bei mir, das Unglück habe wieder angefangen, und er war ebenso verwirrt wie ich, als ich bei der Obduktion die Nierenkrankheit als Todesursache fand. Doch eindringliche Befragung förderte die Wahrheit zutage: Er hatte mit dem Impfen aufgehört. »Warum?« fragte ich. »Sie haben die Wirkung doch selbst erlebt.« Seine Entgegnung kam trotzig: »Verstehen Sie denn nicht, Herr Doktor? Die Schafe wurden nicht mehr krank. Da wäre es doch sinnlos gewesen, ihnen das Zeug zu spritzen, wenn ihnen nichts fehlte.«

Soviel ich sehen konnte, fehlte auch den Pandas nichts, als wir sie mit Äpfeln in den Käfig lockten. Sowie das erste Tier darin war, brachte Antonio-Luis es in Stellung und verengte den Käfig so sehr, daß es sich kaum mehr rühren konnte. Da erlebte ich zum erstenmal, wie beweglich diese Tiere sind. Es ist bekannt, daß Pandas viel bessere Baumkletterer als Bären sind, aber was der Panda in einem Raum, der nicht viel größer war als er selbst, an Akrobatik vollführte, das brachte er müheloser als jeder Affe zustande. Bei beiden war es dasselbe: Sie konnten kopfstehen und sich um 360 Grad herumwirbeln, als ob die Stahlstangen aus Gummi bestünden. Für den Kopfstand steckte Chang-Chang einfach den Kopf in seinen federnden Bauch, und mit kräftiger schnellender Bewegung der Handgelenke stand er kopf. Das Verblüffende dabei war die vollständige Geräuschlosigkeit. Affen in gleicher Lage keckern und schimpfen, Bären brummen drohend; aber die Pandas turnten zuerst stumm, boten dann meiner Nadel ein unbewegliches Ziel und murrten nicht, als sie ins Hinterteil gestochen wurden. Kein Zeichen von Furcht oder Erregung, nur kühle, praktische Kaltblütigkeit. Man lasse sich also von der behäbigen Gestalt und dem gemächlichen Bärenpaß nicht irreführen – der Große Panda muß als ungewöhnlichster »Kautschukmann« der Zoowelt angesehen werden.

Als die geimpften Pandas aus dem Quetschkäfig freigelassen wurden, kehrten sie ganz ruhig in ihr Quartier zurück und ergötzten sich am Bambus. Es trat auch keine gestaute Gereiztheit oder sonst eine verzögerte Reaktion auf die Impfung auf, wie ich zu meiner Erleichterung feststellte, so daß wir unbesorgt heimreisen konnten. Als ich im Flugzeug saß, grübelte ich darüber nach, wann ich die Bambusbären wohl wiedersehen würde. Was stand mir bevor, wenn einer von ihnen krank wurde?

Bei meinem nächsten Fall handelte es sich um ein ganz anderes Geschöpf, um ein friedliches gepanzertes Nachttier aus Südamerika. Gürteltiere kommen in Europa nicht vor, am wenigsten in Großbritannien, und was die Londoner Straßen betrifft, so würden sich die Gürteltiere eher den Mond als Tummelplatz aussuchen. Dennoch wurde hier in einer feuchten Samstagnacht auf dem Hinterhof eines Wirtshauses am Notting Hill Gate ein Kugelgürteltier gefunden, das unglücklich zusammengerollt neben Abfalleimern lag. Hier gab es keine gastliche braune Pampaserde, in der es sich schutzsuchend hätte vergraben können.

Gegen neun Uhr stolperten einige Burschen, die auf dem Hof ihr Wasser abschlagen wollten, über eine sonderbare Kugel von Fußballgröße. Sie hielten sie für einen kahlen Igel, da sie als Städter keine Ahnung hatten, wie ein Igel aussieht. Grölend scharten sie sich um das seltsame Ding. Ein vorsichtiger Stoß mit der Schuhspitze bewirkte, daß es sich noch fester zusammenrollte – es lebte!

Die Burschen waren es wie jeder Londoner gewöhnt, auf dem Hinterhof eines Wirtshauses alles mögliche zu finden, aber ein Gürteltier gehörte gewiß nicht dazu. In ihren Augen war es die natürlichste Sache von der Welt, mit allem Gerümpel, leeren Büchsen, Schachteln und sonstigen ausgedienten Behältern, Fußball zu spielen. Das taten sie denn auch mit dem Gürteltier. Einfach war es nicht, es mit dem Fuß in die Luft zu befördern. Da es nicht abheben wollte, begnügten sie sich damit, zu dribbeln, hinaus auf die Straße, wo es vielleicht besser gehen würde.

Die Burschen johlten und lärmten, als sie das richtige Gefühl für den Sport entwickelten und auf die Straße gelangten. Die Füße schmerzten sie, so schwer war es, den Ball in Bewegung zu bringen. Ein Junge bereitete sich kunstgerecht auf den nächsten Schuß vor. Sein nasser Schuh glänzte im Licht einer Laterne, als er vom Boden abstieß. Es war ein guter Schuß nach allen Regeln der Kunst, mit richtigem Einsatz des Spanns und der vollen Kraft der Schenkelmuskeln, und er rief ein hörbares Knurren hervor, als das Gürteltier in die Brust getroffen wurde. Er brach dem Tier auch einen Vorderbeinknochen.

Welcher Inka- oder Aztekengott auch immer über Gürteltieren wachen mag, er griff an diesem Punkt in das grausame Spiel ein, und zwar in Gestalt zweier alter Damen, die unter ihren Schirmen heimeilten. Sie blieben im Eingang eines Ladens stehen, als sich die grölende Schar ihnen näherte. »Sie lassen etwas über die Straße rollen«, sagte die eine und spähte angestrengt durch ihre nassen Brillengläser. Ihre Gefährtin schnalzte mißbilligend und streckte den Hals vor. »Um Himmels willen, es ist eine Katze!«

Eine sekundenlange Pause des Entsetzens entstand, ehe die beiden Damen hervorstürzten, ihre Regenschirme schwangen und die Burschen schrill anschrien. Alte Damen werden von solch mutigen Jugendbanden oft überrannt, aber in diesem Falle ließen die Burschen nur ein paar unanständige Worte vom Stapel, zuckten die Schultern und marschierten in die Nacht hinaus. Der Igel war ohnehin kein geeigneter Fußball gewesen. Mochten die alten Schachteln ihn haben.

»Schlechte, schlechte Menschen gibt es«, schäumte die eine und bückte sich, um die anscheinend leblose Katze aufzuheben. Ihre Gefährtin half ihr dabei.

Die Damen wunderten sich über ihren Fund. »Es ist gar keine Katze, Alice«, sagte die eine. »Es ist ...« Sie erkannte das Geschöpf fast sofort. »Es ist ein Gürteltier.«

»Es muß aus dem Regent's Park entwichen sein«, meinte Alice. »Komm, wir nehmen es mit und rufen den Zoo an.«

Immer noch wutschnaubend trugen sie das Gürteltier nach Hause; es lebte noch, war aber, was sie nicht wußten, im Schockzustand. Während Alice telefonierte, setzte ihre Schwester das fremdartige Tier vor den Gaskamin und überlegte, wie sie es wiedererwecken könnte. Die kleine Schnauze stak fest im Bauch. Vielleicht sollte man ihm Rum und Butter um die Nase schmieren ...

In Wirklichkeit war das Gürteltier nicht aus dem Regent's Park entwichen, und Alice konnte ohnehin zu dieser späten Stunde niemanden im Zoo erreichen. Deshalb rief sie den Tierarzt an, der die zwölf wohlgenährten Katzen der Schwestern zu betreuen pflegte. Er hatte in Cambridge mit Andrew Greenwood zusammen studiert, und als er erfuhr, daß alle Katzen gesund waren, aber ein streunendes Gürteltier dringend der Pflege bedurfte, übergab er mir den Fall. Er kannte die beiden alten Damen gut – ausgeschlossen, daß sie nach der Polizeistunde jemals rosa Elefanten sehen würden. Wenn sie sagten, sie hätten ein Gürteltier gefunden, dann war es ein Gürteltier. Ich fuhr durch den regen Londoner Verkehr und kam Schlag Mitternacht in dem Haus in Arundel Gardens an.

Die alten Damen schenkten heiße Schokolade ein, und die Katzen saßen stumm herum, während ich vor dem Kamin kniete und das Gürteltier untersuchte. Seine Geruchsdrüsen füllten das Zimmer mit dem typisch bitteren Parfüm der Armadillos. Der Schock hatte es entspannt, so daß es teilweise aufgerollt war, und ich konnte die Blutergüsse und den mehrfachen Vorderbeinbruch ertasten. Alice hielt das Tier, während ich ihm ein schmerzstillendes Mittel und ein wenig Cortison injizierte. Es strampelte, jedoch nur schwach, und als ich die Schürfwunden mit einem Antiseptikum einrieb, erbrach es.

»Sieht gar nicht gut aus«, sagte ich zu den beiden Damen. »Wenn es morgen noch lebt, will ich sehen, was sich mit dem Bein machen läßt, aber ich fürchte ...« Sie brachten mir einen großen Katzenkorb, in den ich das Gürteltier setzte. Alice rief die Polizei an, um über ihren Fund Bericht zu erstatten, und gerade als ich gehen wollte, rief ein Wachtmeister zurück, der zu wissen glaubte, woher das verletzte Tier stammte. »Schauen Sie nach, ob es im linken Ohr zwei Löcher hat.« Das stimmte. »Dann ist es von einem Tierhändler in Brighton als gestohlen gemeldet worden«, sagte er. Er seufzte vernehmbar. »Was wird wohl als nächstes geklaut?«

Ich konnte mir den Vorgang ungefähr vorstellen. Der Kerl, der meinen neuesten Patienten gestohlen hatte, war sicher auf dem Weg zur Petticoat Lane oder sonst einem der Orte gewesen, wo Tiere, meistens zweifelhaften Ursprungs, am Sonntagvormittag von scheeläugigen, geschwätzigen Individuen feilgeboten werden, die sich als Züchter ausgeben – ja, sogar wenn es sich um Schlangen, Papageien, auch Gürteltiere handelt –, um die Vorschriften des Tierhandels zu umgehen. Vielleicht hatte er kalte Füße bekommen und seine ungewöhnliche Beute auf dem Hinterhof des Wirtshauses abgesetzt. Oder konnte das gutartige Tierchen Reißaus genommen haben? In ihrer Heimat können die Gürteltiere auf ihren Grabkrallen recht schnell durch das dürre Gras laufen, und sie sind vortreffliche Schwimmer. Wie es auch zu erklären war – und bis zum heutigen Tage bin ich nicht dahintergekommen –, das

Kugelgürteltier befand sich zwölf Stunden nach dem Diebstahl in Notting Hill.

Man glaube ja nicht, der Diebstahl eines Gürteltiers sei als etwas Ungewöhnliches zu betrachten. Ich habe oft erlebt, daß unbekannte Personen den Zoo mit einem Tier in der Tasche verlassen haben. Fische, kleine Reptilien und Säugetiere werden im sogenannten Streichelzoo nicht nur von Kindern stibitzt, sondern auch von ihren Eltern. Fanatische Exotenliebhaber nehmen schwere Mühen auf sich, um größere Tiere zu entwenden, insbesondere Vögel und Reptilien. Einbrecher, die ihr Gewerbe um des Geldes willen ausüben, beschränken sich meistens auf Vögel, wobei sie alles und jedes mitgehen lassen, von seltenen Finken bis zu Adlern und bösartigen Aras. Manchmal besteht der Zweck des Diebstahls darin, für ein unersetzliches Exemplar Lösegeld zu erpressen. Vor gar nicht so langer Zeit gelang es einem Spitzbuben, einen schönen »Finderlohn« einzustecken, nachdem er auf Mallorca einen der talentierten, rollschuhlaufenden Kakadus gestohlen hatte. Es erfordert Mut und Können, sich kostbare Tiere zu schnappen. Klapperschlangen, Krokodile und Vipern gehören zu den Tieren, die in den letzten Jahren entführt worden sind. Am überraschendsten war der Diebstahl zweier Pelzrobben, die zwar klein, aber bissig sind. Hätte man damals in Scarborough, wo sich das ereignete, bei allen Ärzten und in Krankenhäusern nachgeforscht, ob sich jemand mit »Hundebissen« hatte behandeln lassen, so wäre der Dieb vielleicht gefunden worden.

Zu Hause brachte ich den beduselten, aber immer noch atmenden Armadillo in meinem Behandlungszimmer unter und heizte stark. Man mußte abwarten. Den ganzen Sonntag über rührte sich das Tierchen nicht, doch wenigstens verschlimmerte sich sein Zustand nicht, und ich führte ihm Nahrung in Form einer Glucose-Salz-Transfusion zu. Der Knochenbruch mußte wegen der Schwellung noch 24 Stunden warten. Am Montag ging es dem Kerlchen besser, so daß ich es betäuben und das Bein einrichten konnte. Da Gürteltiere den Atem zehn bis zwölf Minuten anhalten können, wählte ich eine Barbiturinjektion statt Gas. Als der Patient bewußtlos war, untersuchte ich den Bruch. Ich stellte fest, daß es so gut wie unmöglich war, die Bruchstellen zu nageln oder mit einer Platte zu versehen und entschloß mich zu einem Glasfaserverband. Während Hanne das Bein mit aller Kraft streckte und ich das glasfaserverstärkte Kunstharz auftrug, goß Martin, Hannes jüngerer Sohn, sorgfältig kaltes Wasser darüber, damit keine Brandwunden entstanden.

Am Dienstag war Dilly, wie wir das Gürteltier, ein Weibchen, getauft hatten, auf den Füßen und erforschte alle Winkel meiner Praxis. Und an diesem Dienstag berichtete die Lokalpresse von ihrem schrecklichen Erlebnis. Ich lockte sie mit dem Futter, das den meisten gefangenen Gürteltieren besonders gut schmeckt: Milch, hartgekochte Eier und verdünntes Hundefutter. Sie leckte den Brei aus einer Untertasse und trank auch Honigwasser aus einem Napf, den ich von unserem Kater Lenin ausgeborgt hatte.

Der Tierhändler in Brighton rief mich am folgenden Tage an, und wir vereinbarten, daß er Dilly abholen könne, sobald sie ganz gesund sei. Bis dahin mußte er sich in Geduld fassen. Am Nachmittag fragte Norman Rolands, der Reklameberater des Zoos Bellevue, mich, ob ich meine Meinung über eine sehr sonderbare Spezies abgeben könnte: Im nächsten Sommer wollte Ripleys Zirkus unter dem Namen »Glaub es oder nicht« eine Ausstellung eröffnen, in der unwahrscheinliche Wesen wie Pelzfische, Meerjungfrauen und andere echte und unechte Geschöpfe gezeigt werden sollten. Darunter war auch ein neuerworbener ausgestopfter Schneemensch, das amerikanische Gegenstück des berühmten und umstrittenen Himalaja-Yeti. Ich hatte nichts weiter zu tun, als das Wesen zu untersuchen und herauszufinden ob es nun echt oder unecht sei. So oder so würde ich ein kleines Honorar erhalten.

Wenn es, was ich fast annehme, den Schneemenschen wirklich gibt, so ist mir der Gedanke zuwider, daß einer in präpariertem Zustand in einer Zirkus-Schau auf Sägespänen enden könnte. Norman und ich fuhren also hin, und ich stand vor einem zwei Meter zwanzig großen, mit rötlichen Haaren bedeckten menschenähnlichen Wesen. Ich war nicht beeindruckt. Abgesehen von ernsten Zweifeln in bezug auf Haut, Haare, Gesicht und Finger, fehlten ihm die Geschlechtsteile. Der Schneemensch war weder männlich noch weiblich, auch kein Zwischending, und da die Natur es versäumt hatte, ihm das Urinieren zu ermöglichen, mußte er mit einer dauernd gefüllten Blase Höllenqualen ausgestanden haben.

Der Direktor war ratlos, als er mir die Asexualität des Schneemenschen erklären sollte und murmelte etwas davon, die Geschlechtsteile seien bei der Gefangennahme abgeschossen worden. Ich stellte dem Schneemenschen bedauernd ein Zeugnis über seine Unechtheit aus, kassierte mein Honorar und fuhr mit Norman nach Hause. Norman Roland, der im Geist schon einen fulminanten Artikel geschrieben hatte, tröstete sich damit, daß ich ihn unterwegs zu einem guten Essen einlud.

2

Ich liebe Delphine sehr, und ich bin auch für guten Zirkus zu haben. Doch wenn man die beiden zusammenbringt, gibt's Probleme. Das Schweizer Ehepaar Conny und Gerda Gasser lernte ich kennen als sie Anfang der siebziger Jahre mit ihrer Delphin-Wanderschau in den Zoo Bellevue kamen. Früher waren sie Trapezartisten gewesen, hatten dann aber mit Tierdressur angefangen. Sie leisteten Hervorragendes, ihre Schau war die bestausgearbeitete in Europa. Damit verglichen wirkten die Darbietungen der meisten britischen Delphinarien stümperhaft. Gerda, eine ausgesprochen hübsche Blondine, sah blendend aus, wenn sie die von ihr dressierten Delphine vorführte. Ihr Sohn Robby hatte besonderes Einfühlungsvermögen und Verständnis für Seelöwen, namentlich für einen großen und wilden südamerikanischen Bullen namens Adolf. Ihre Beziehung entwickelte sich in wenigen Jahren zu einer spektakulären Partnerschaft. Robby und Adolf zeigten etwas, was es noch nie gegeben hatte. Conny war die treibende Kraft hinter den Kulissen, ein Entertainer durch und durch. Er entstammte einer alten Schweizer Zirkusfamilie und ist wohl der großzügigste, entzückendste und netteste Mann im europäischen Tiergeschäft, mit dem ich in den folgenden Jahren viel zu tun bekam, gewöhnlich wenn er große Sorgen hatte.

Wir wurden gute Freunde, die Gassers und ich, während wir lange bange Stunden bei einem kranken Delphin verbrachten und dann, nach getaner Arbeit, beim gemeinsamen Mahl saßen. Conny und Gerda waren Lebenskünstler nach meinem Herzen. Zusammen kämpften wir um das Leben der Delphine in ganz Europa, ja, sogar in Singapur und Indonesien. Wohin der Zirkus auch ging, manchmal nur für einen oder zwei Tage, dorthin mußte ich folgen. Als ihre Gastspielreise sie durch Frankreich und Deutschland führte, flog ich ihnen in fast jede Stadt nach. Sables d'Olonne, Idar-Oberstein, Berlin, Walsburg, Mainz, Frankfurt am Main, Mannheim, Hannover, Minden, Osnabrück – die Eintragungen in meinem Tagebuch füllen in einer einzigen Saison viele Seiten.

Connys Delphin-Schau war eine erlesene Sache. Ein Wagen enthielt ein kompliziertes Filtriersystem und einen Raum für eine automatische Wasserpumpe, ein anderer die Küche für die Tiere und einen Tiefkühlschrank. Im dritten war ein Becken für die Seelöwen eingebaut. Es gab eine Toilette für das Publikum, ein Büro, ein Bierzelt und einen maßgefertigten Lastwagen für den Transport der im Wasser schwimmenden Delphine, außerdem die üblichen Wohnwagen für die Angestellten, Wagen, die das Zirkuszelt, ein faltbares Delphinbecken, ein Notbecken, Bänke für die Zuschauer und noch vieles mehr beförderten. Die Delphine und Seelöwen erforderten eine Begleitmannschaft von 25 Personen; unter ihnen war auch ein Lehrer für die Kinder, die mit dem Zirkus reisten. Das alles mag sich gut anhören, und so ist es auch – außer für die Stars der Truppe, die Delphine. Die Beförderung dieser komplizierten Geschöpfe, häufig zweimal in der Woche kilometerweit, ergibt unendlich viele Probleme. Abgesehen vom Streß des Reisens an sich, spielt manches eine Rolle: der Temperaturwechsel, Beschaffung des Wassers und der Fischvorräte, Quarantäne und Schwierigkeiten bei der medizinischen Behandlung. Die Probleme reißen nie ab: Ein Kurzschluß unterbricht die Filtrierung und verdirbt die eingefrorenen Fische, aus einem Standrohr kommt rostiges Wasser, und eine leichte Fischvergiftung der Tiere macht es notwendig, die Vorstellung in der Stadt abzusagen, in der Plakate schon lange dafür geworben haben. Das tapfere Motto der Entertainer »Die Schau muß weitergehen« hat für Menschen Gültigkeit, doch nicht für Delphine, die ohnehin nicht viel vom Leben haben, wenn sie in der Enge eines tragbaren Beckens herumschwimmen müssen und selten das Tageslicht sehen.

Conny tat sein Bestes, in jeder Hinsicht gut für die Tiere zu sorgen; aber das Reisen an sich forderte seinen Zoll, und so viele Faktoren kamen hinzu, über die er keine Macht hatte, daß Krankheitsfälle ihm oft einen Strich durch seine Rechnung machten. Und wie es bei so spezialisierten und komplizierten Tieren wie den Delphinen nicht anders zu erwarten ist, werden sie nicht einfach von üblichen Beschwerden heimgesucht. In weiter Ferne schien mir die Zeit in Rochdale zu liegen, wo an Milchfieber erkrankte Kühe in zwei Minuten wieder auf den Beinen waren, nachdem ich ihnen eine Kalziuminjektion verpaßt hatte, und Hunde, die an einer Lungenentzündung litten, schnell und positiv auf Sulfonamide reagierten; im Gegensatz zu ihnen ziehen sich ungewöhnliche Geschöpfe gern ungewöhnliche Krankheiten zu.

Wo Delphine sind, da ist natürlich auch viel Wasser, nicht nur in den Becken und Röhren und in der Filtrieranlage, sondern überall: in der Küche, im Zuschauerraum, auf der Plattform des Dresseurs und als Dampf in der Luft. In diesem Wasser gedeihen viele Bakterien. Im Becken werden sie zwar vom Chlor zunichte gemacht, aber an den nicht desinfizierten feuchten Stellen bleiben sie am Leben und vermehren sich schnell. Sie bedrohen die Gesundheit der Menschen und anderer Säugetiere, und wenn man gelegentlich hört, daß ein Kranken- oder Operationssaal vorübergehend geschlossen werden mußte, weil Bakterien postoperative Infektionen hervorgerufen haben, so mag es daran liegen, daß sich die »Käferchen« in einer Blumenvase auf dem Nachttisch oder sogar in einer Augenpipette häuslich niedergelassen haben. Besonders fühlen sie sich zu Transplantationspatienten hingezogen, deren normale Resistenz gegen bakterielle Infektionen durch immunsuppressive Präparate geschwächt worden ist. Für mich und meine Delphine bilden diese allgegenwärtigen, wassersportliebenden Erreger eine besondere Gefahr. Erstens können sie einen Delphin virulent angreifen und in wenigen Stunden töten. Zweitens – und das ist das schlimmste – sind sie gegen die meisten Antibiotika, die von Delphinen vertragen werden, resistent. Penicillin, Streptomycin, Tetracyclin, Chloramphenical? Die Bakterien, von denen ich spreche – sie werden Pseudomonas genannt –, scheren sich den Teufel darum. Nicht nur haben die Medikamente keine Wirkung auf sie, sondern dadurch, daß sie andere Bakterien im Körper des Wirts töten, verhelfen sie den Pseudomonas erst recht zum Blühen und Gedeihen.

Conny Gassers kleiner Delphin Bubbles hatte einen Kampf mit Pseudomonas auszufechten, den ich nie vergessen werde. Mit einem Liebesbiß fing alles an. Die Leute mögen über Kaninchen und Ziegen sagen, was sie wollen, das meistverliebte Tier ist meines Erachtens der Delphin. Seine berühmte Freundlichkeit ist unbegrenzt, doch sein Geschlechtstrieb ebenfalls. Delphine beginnen mit dem Paarungsspiel schon früh im Leben, und obwohl sie erst nach dem zehnten Lebensjahr geschlechtsreif sind, machen sie schon im zarten Alter von wenigen Wochen leidenschaftliche Annäherungsversuche, nicht nur bei Mitgliedern des anderen Geschlechts, sondern ebenso feurig beim eigenen Geschlecht und sogar bei Angehörigen anderer Arten. Der arme alte Cuddles, der Schwertwal im Flamingo-Park, den ich in den frühen siebziger Jahren betreute, wurde von hartnäckigen Delphinen belästigt, die zehnmal kleiner waren als er und ihm sogar mitten in der Vorstellung Avancen machten. Wenn sich Cuddles im Wasser elegant auf den Rücken drehte und auf das Zeichen seines Dresseurs dem Publikum zum Abschied winkte, entflammte ein Delphin manchmal in schamlosester Leidenschaft, warf sich auf den vorgewölbten Bauch des Wals und tat seine Absicht peinlich deutlich kund. »Hohoho«, improvisierte dann der Sprecher in gepreßtem Ton, »da will doch der kleine Flipper Cuddles zum Tanz auffordern. Hohoho! Ja, ich glaube, Flipper sagt, er möchte tanzen.« Tanzen hatte Flipper keineswegs im Sinn. Die Kinder waren der Wahrheit näher, wenn sie den nächsten Erwachsenen anstießen und mit glokkenklarer Stimme ihre Erklärung abgaben: »Mami, ich glaube, der Delphin möchte Cuddles eine Mohrrübe in den Bauch stecken.«

Bei den Liebesspielen der lüsternen Delphine geht es oft recht grob zu. Besonderen Spaß macht es ihnen, den Gegenstand ihres Verlangens leicht zu beißen und ihn mit den Zähnen zu beknabbern. Wer ein Delphinarium besucht, der sollte einmal genau hinschauen; da sieht man nämlich, daß mindestens ein Teil der Tiere vier oder fünf parallele Kratzer aufweisen. Die Kratzer können überall am Körper sein, und wenn sie auch nicht tief sind, so dringen sie doch durch die Haut. Die Liebesmale heilen rasch und haben gewöhnlich keine Folgen. Manchmal aber entzündet sich eine solche Bißwunde oberflächlich und erfordert tierärztliche Behandlung.

Gassers Bubbles war für das Menschenauge fraglos ein hübscher Delphin, aber wer hat überhaupt jemals einen häßlichen Delphin gesehen? Für ihre Artgenossen aber muß Bubbles den außergewöhnlichen Reiz einer delphinischen Bo Derek gehabt haben. Vielleicht war es die Kurve ihrer Rückenflosse oder die schlanke Biegung ihres Schwanzes, was ihr eine besondere Linie verlieh und bei den männlichen Delphinen ähnliche Gelüste weckte, wie die Beine der Marlene Dietrich oder Dolly Partons Dekolleté bei den Menschen. Woran es auch liegen mochte, sie machte männliche Delphine wild vor Verlangen. Andere Weibchen wurden keines Blickes gewürdigt, wenn Bubbles im Becken war; aber ihre Bewerber begnügten sich nicht damit, sie zu bewundern, sondern gingen in ihrer Begeisterung ein bißchen zu weit, wenn sie sie in den Nacken bissen, was etwa dem Handkuß eines Menschen gleichkommt.

Delphinflossen sind keine Fischflossen; sie sind abgewandelte

Extremitäten der Landsäugetiere. Röntgenaufnahmen und Sezierung enthüllen die Knochen von Schulter, Arm und Hand des Menschen. Die Fingerknochen der »Hand« sind gut entwickelt und bilden den größten Teil des Flossengerippes. Das Übel begann, als Bubbles liebevoll, aber schmerzhaft an der linken Hand, sprich Flosse, von einem ziemlich groben alten Wüstling namens Fritz gebissen wurde. Conny merkte, daß die vier bis fünf Zentimeter langen Risse, die Fritz als Zeichen seiner Liebe hinterlassen hatte, leicht entzündet waren. Einen Tag später zeigten gelbe Punkte eine eitrige Infektion an.

Conny rief mich an und beschrieb mir das Aussehen der Zahnspuren – wir kannten es schon aus Erfahrung –, worauf ich dreimal täglich Auswaschen mit Quecksilberseife und Einreibung mit Nitrufuransalbe verordnete, und als Schutz darüber eine dicke Lanolinschicht.

Drei Tage später berichtete Conny, Bubbles habe normalen Appetit und zeige kein verändertes Verhalten, aber die entzündete Flosse sei geschwollen, und die Zahnspuren hätten sich zu breiten, zackigen Geschwüren entwickelt.

Ich beschaffe mir immer die Verzeichnisse der chemischen Fabriken in Europa, in denen die Namen der Medikamente aufgeführt sind, und so brauchte ich knapp zwei Minuten, um festzustellen, daß das von mir gewünschte Antibiotikum in Deutschland, wo Conny gerade seine Vorstellungen gab, Lincomycin hieß. Ich gab das Rezept telefonisch einer Apotheke in Bingen an, seinem nächsten Aufenthaltsort. Hanne leistete mir in solchen Lagen, in denen meine spärlichen deutschen Sprachkenntnisse nicht genügten, immer unschätzbare Dienste.

»Gib die Kapseln Bubbles in Heringskiemen versteckt ein«, sagte ich zu Conny. »In drei Tagen komme ich, um zu sehen, wie das Mittel gewirkt hat.«

»Dann bin ich auf der anderen Seite des Rheins in Rüdesheim«, antwortete er.

In Rüdesheim hatte ich einmal im Oktober das Winzerfest erlebt – eigentlich ganz schön, wieder dorthin zu kommen. Ich hielt es für 99 Prozent wahrscheinlich, daß das Lincomycin schnell durch den Blutkreislauf zu der Infektion getragen wurde und seine Wirkung tat, aber ich wollte mich mit eigenen Augen vergewissern. Dann konnten Conny und ich unbesorgt einen oder zwei Tropfen Trockenbeerenauslese genießen.

Ich flog nach Frankfurt, mietete einen Wagen und fuhr durch die Berg-und-Tal-Landschaft und die verschlafenen Dörfer am Ufer des Rheins. Gleich nach der Ankunft in Connys weiß und blau bemaltem Lager, ging ich mit ihm zu Bubbles. Die Tierpfleger holten sie vorsichtig aus dem Becken und legten sie auf eine dicke Schaumgummimatte, so daß ich sie untersuchen konnte. Es sah gar nicht gut aus. Die ganze Flosse war geschwollen, und die ursprünglichen Bißwunden waren nun breite Furchen in totem Gewebe. Noch schlimmer, die Entzündung schien bis zu den »Fingerknochen« vorgedrungen zu sein. Wenn die Eitererreger tatsächlich die Knochen infizierten, wenn es zu einer Osteomyelitis kam, dann konnte die Sache schlimm werden. Bis jetzt hatte ich das erst ein einziges Mal erlebt, bei einem Delphin, der meinem alten Freund Reg Bloom in Clacton-on-Sea gehört hatte. Damals hatte die Osteomyelitis ganz harmlos angefangen und war erst beim Röntgen der Flosse erkannt worden, und trotz intensivster Pflege hatte sie mit dem Tod des Delphins geendet.

Nachdem ich die infizierte Stelle gereinigt hatte, betäubte ich sie mit aufgesprühtem Chloräthyl und entfernte ein kleines Gewebestück. Einen Teil davon wollte ich im Laboratorium kultivieren lassen, um dahinterzukommen, was für Bakterien die Infektion bewirkt hatten; der andere Teil konnte von einem Pathologen unter dem Mikroskop untersucht werden. Diese Biopsie war vielleicht wertvoll. Ich entnahm auch Blut für eine Analyse. Inzwischen war sofortige Behandlung geboten. Es war anzunehmen, daß es sich um zähe Bakterien handelte, die gegen »einfachere« Antibiotika resistent waren, daß also irgendwelche wasserliebenden, tückischen Pseudomonas ihr Unwesen getrieben hatten.

Bubbles mußte alle acht Stunden aus dem Wasser geholt werden, um intramuskuläre Gentamycin-Injektionen zu erhalten. Diesem Präparat sind Pseudomonas nicht gewachsen, aber es wirkt nicht, wenn man es oral eingibt. Es war erwiesen, daß Delphine es vertrugen; allerdings brauchten sie wegen ihrer großen Nieren dreimal mehr als ein Mensch desselben Gewichts. Da Gentamycin weitaus mehr kostete als viele andere Antibiotika, mußte Conny damit rechnen, daß ihn allein eine zehntägige Kur auf über tausend Mark zu stehen kam.

Conny war nicht der Mann, der bei der medizinischen Betreuung seiner Tiere geizte. Ja, obwohl ein Delphin in den Vereinigten Staaten bloß 300 Dollar kostete, erlebte ich es nur ein einziges

Mal, daß ein windiger, gewissenloser Besitzer die Behandlung kranker Delphine wegen der Kosten unterließ. Das war vor ungefähr elf Jahren im Westen von England gewesen. Gerüchteweise hörten wir, daß dort ein Mann, der aus dem damals blühenden Delphingeschäft und den eben aufkommenden Delphinarien möglichst viel Geld schlagen wollte, den Tieren nicht die geringste Sorge trug und verschwieg, daß er zwei schwerkranke Delphine besaß. Es ging dem Ende der Saison zu. Er hegte den Plan, die Tiere im Herbst sterben zu lassen, die Versicherungssumme zu kassieren und im Frühjahr in Amerika neue Tiere zu kaufen. Keine Winterkosten! Sowie wir davon hörten, reisten wir hin, holten die Tiere aus dem Becken und begannen mit der Hilfe eines Dompteurs von Morecambe-Marineland mit der Behandlung. Dann benachrichtigten wir die Abteilung von Lloyd, die für die Tierversicherung zuständig war, und schickten dem Besitzer der Delphine einen sorgfältig abgefaßten Brief, der ihm klarmachte, daß wir wußten, was er im Schilde führte. Zum Glück überlebten die beiden Delphine diesen Mordversuch durch Vernachlässigung; sie wurden an verantwortungsbewußte Leute verkauft und leben noch heute in einem berühmten Zoo in Westdeutschland.

Wir fingen bei Bubbles mit den Injektionen an, und befriedigt beobachtete ich, daß Conny sie in achtstündigem Intervall so gekonnt verabreichte wie ein Zuckerkranker, der seit Jahren an seine Insulinspritze gewöhnt ist. In einer Woche sollte der Zirkus in Mannheim sein Zelt aufschlagen. Dann wollte ich wiederkommen und Bubbles untersuchen. Wenn die Götter gnädig waren, mußte sie bis dahin über den Berg sein.

Als ich mit meinen Proben nach England zurückkehrte, teilte mir Hanne mit, ein Mann habe angerufen, der, wie sie sagte, einen »afrikanischen« Tonfall hatte. Er hatte sich nach Dilly erkundigt, deren gebrochenes Bein wir geschient hatten und die demnächst ihrem Besitzer in Brighton zurückgegeben werden sollte.

»Er schien sehr besorgt zu sein«, berichtete Hanne. »Wollte wissen, ob der Besitzer ermittelt worden sei und ob das Tier besondere Behandlung nötig habe.«

»Glaubst du, daß es einer der überspannten Leute war, die auf exotische Tiere versessen sind?« fragte ich. Abgesehen von einer kleinen Minderheit, die echtes Interesse an ungewöhnlichen Tieren hat und imstande ist, sie richtig zu pflegen, schmücken die meisten

Menschen ihr Haus nur mit Affen, Großkatzen oder Bären, um sich wichtig zu machen oder bei ihren Nachbarn Eindruck zu schinden; entweder sind sie überspannt oder krankhaft selbstgefällig. Zum Glück können sie dank dem neuen Tierimportgesetz ihrem Laster nicht mehr ohne weiteres frönen.

»Er klang eigentlich ganz normal«, sagte Hanne. »Nett und höflich. Er will sich wieder melden.«

Als wir am folgenden Tag gerade mit dem Essen fertig waren, klingelte es. Ich machte auf, und vor mir stand ein großer Schwarzer. Am Straßenrand hatte ein schwarzer Mercedes mit einem Chauffeur am Steuer und CD-Schildern geparkt.

»Guten Tag«, sagte er. »Herr Doktor Taylor? Entschuldigen Sie, daß ich ohne vorherige Anmeldung gekommen bin.«

»Treten Sie bitte ein, Herr ...?« Er nannte seinen Namen und die Gesandtschaft eines westafrikanischen Landes. »Ich sprach gestern am Telefon mit Ihrer Frau. Jetzt bin ich auf dem Weg nach Sandhurst, wo mein Sohn die Militärakademie besucht.«

Mein Besucher war ein schwergebauter Mann von 55 bis 60 Jahren mit einem wie aus Holz geschnitzten Gesicht, dichten Hängebrauen und einem Kinn wie eine Matrosenmütze, doch mit gewinnendem, freundlichem Lächeln. Seine tiefe Stimme vibrierte wie die eines Löwen, sagte Hanne später. Sein Englisch war kultiviert, hatte jedoch einen fremdländischen Tonfall. Er trug einen gutsitzenden, dreiteiligen grauen Anzug und einen weichen Filzhut. Ein buntes Bändchen zierte seinen Rockaufschlag, und die große Hand, die einen Stock aus Ebenholz umfaßte, zierten ein kirschgroßer Jade- und ein rotgoldener Siegelring. Als er in die Diele kam, sah ich, daß er stark hinkte. Ich führte Herrn X. ins Wohnzimmer und machte ihn mit Hanne bekannt.

»Darf ich Ihnen Kaffee anbieten?« fragte sie.

»Nein, danke, sehr freundlich. Ich möchte mich nochmals wegen dieses Überfalls entschuldigen, aber ich konnte der günstigen Gelegenheit nicht widerstehen.«

»Setzen Sie sich doch«, sagte ich, während ich im stillen überlegte, was wohl der Grund seines Besuches sein mochte. Ein neuer Zoo in der Hauptstadt seines Landes? Schwierigkeiten mit einem exotischen Tier, das er seiner Frau als Geschenk mitbringen wollte? Vielleicht eine Nachforschung über den illegalen Handel mit aussterbenden Tieren? Ich hatte vergessen, daß er sich am Vortag bei Hanne nach dem Gürteltier erkundigt hatte.

Der Afrikaner war wirklich behindert. Er hatte offensichtlich Mühe, in einem Sessel Platz zu nehmen. Er verzog das Gesicht, vermied es, das rechte Bein zu belasten und schraubte sich schwerfällig in den tiefen Sessel. »Ich möchte Ihnen nicht viel Zeit rauben, aber ich sorge mich um das Gürteltier, das Sie in Obhut genommen haben.« Er holte ein goldenes Zigarrenetui hervor. »Darf ich?« Er entnahm ihm eine Imperiale, köpfte sie mit einem goldenen Zigarrenabschneider und zündete sie mit einem Streichholz an. »Ich las zufällig in der Zeitung von dem Fund«, fuhr er fort. »Merkwürdig, daß ein Gürteltier an einem solchen Ort auftaucht.« Er lächelte breit hinter einer blauen Rauchspirale. »Ich ließ meinen Sekretär Nachforschungen anstellen, und da bin ich nun.«

»Interessieren Sie sich für Gürteltiere?« fragte ich. Erdferkel, die an sich keine näheren Verwandten haben, sind die einzigen in Afrika vorkommenden Röhrenzähner, die man mit den Gürteltieren vergleichen könnte. Sie werden in manchen Teilen Afrikas gegessen, sofern es gelingt, sie aus ihren Bauten auszugraben, was viel Mühe macht. Im übrigen konnte ich mich nicht erinnern, daß Afrikaner an diesen Nachttieren ein Interesse hatten.

Seine Miene wurde ernst. »Herr Doktor, wenn ich richtig verstanden habe, war das Gürteltier ein Streuner.«

»Nicht unbedingt. Es ist gestohlen worden. Den Besitzer hat die Polizei aufgespürt, es ist ein Tierhändler in Brighton.«

»Und die Verletzungen? Wird es gesund werden?«

»Ich denke schon. Es wurde getreten und erlitt einen komplizierten Knochenbruch. Aber warum fragen Sie?«

Der Afrikaner holte ein Scheckbuch hervor und sah mich durchdringend an; er schien zu überlegen. »Weil ich mich vergewissern möchte, daß das Gürteltier alle notwendige Behandlung erhält. Die beste. Ich will für die Kosten aufkommen.«

»Das ist ohnehin der Fall. Der Händler bekommt von mir eine Rechnung.«

Er zog tief an der Zigarre, die stark aufglühte. Während er den Rauch ausblies, sagte er: »Ganz bestimmt? Röntgenaufnahmen? Gründliche Untersuchungen? Besondere Medikamente oder Apparaturen? Ich werde alles bezahlen, was sich machen läßt, um sicherzugehen, daß das Tier wieder ganz gesund wird.«

Ein Gürteltier-Wohltäter! Im Geist sah ich Dilly in einer Londoner Klinik, auf der einen Seite ihres Bettes den Leibarzt der Königin, auf der anderen Professor Christiaan Barnard, die der Patientin den Puls maßen, während auf einem Servierbrett besondere Insektennahrung aus dem Hotel Connaught hereingetragen wurde. Ich riß mich zusammen und konzentrierte mich auf meinen Besucher.

»Momentan geht es dem Gürteltier meines Erachtens gut. Ich zeige es Ihnen gern. Aber ich verstehe den Grund für Ihr hochherziges Angebot nicht.«

Es entstand wieder eine Pause, eine noch längere. Dann legte er seine Zigarre hin, bückte sich und schnürte seinen rechten Schuh auf. »Herr Doktor«, sagte er ruhig, »ich verlange von Ihnen, daß Sie meinen Namen und die Umstände meines Besuchs streng vertraulich behandeln.«

»Selbstverständlich, wenn Sie's wünschen«, antwortete ich.

Er zog nicht nur den Schuh aus, sondern auch die seidene Socke. Da sah ich den entblößten Fuß – wenn man das grausige Gebilde überhaupt einen Fuß nennen konnte. Rötlich, weiß, teilweise schwarz, mißgestaltet, ohne Zehen außer einem Stummel, dort, wo die große Zehe hätte sein sollen, glich es einer formlosen Knetmasse. Herr X räusperte sich. »Wissen Sie, was das ist, Herr Doktor?«

Hanne hatte sich zurückgezogen. Mir schwirrte der Kopf. Die Standuhr tickte ohrenbetäubend. »Ich ... ich kann es mir jetzt denken. Le... die Hansensche Krankheit, glaube ich.«

Der Afrikaner nickte. Er lächelte wieder freundlich. »Sie haben recht, Herr Doktor, und Sie sind sehr höflich. Es ist die Hansensche Krankheit, um den weniger gefühlsbetonten Namen zu nennen.«

Westafrika, Südamerika – ich begann das Verbindungsglied zwischen dem Gürteltier und diesem Mann zu ahnen. Das Ticken der Uhr und das Geplauder der Kinder, die draußen von den Müttern zum Einkaufen mitgenommen wurden, widerhallten widersinnig in meinen Ohren. Hinter den Fenstern ging Lightwater seinen Angelegenheiten nach, während ich die Überreste eines Männerfußes betrachtete, der vor langer Zeit von einer der gefürchtetsten und rätselhaftesten aller Humankrankheiten verunstaltet worden war, von der Lepra.

»Ich habe noch andere Andenken an jene Zeit an mir«, sagte Herr X. »Zerstörtes, altes Gewebe. Aber seit dreißig Jahren habe ich keine aktive Infektion mehr gehabt. Allerdings muß ich immer noch ab und zu Dapsontabletten einnehmen. Sind Sie schockiert, Herr Doktor? Ich entschuldige mich, wenn ...«

»Nein, nein, ganz und gar nicht.«

»Vor ein paar hundert Jahren wäre ich hier in England gezwungen gewesen, mit einer Glocke in der Hand herumzulaufen und immerzu zu läuten, um mich anzukündigen. Jetzt dringe ich bei Ihnen ein und führe Ihnen mein Leiden vor. Ist das nicht unverschämt von mir, gelinde gesagt?«

»Ich fühle mich eher privilegiert, daß Sie es getan haben. Ich glaube, ich sehe nun auch eine Verbindung zwischen Ihnen und dem Gürteltier. Oh, da kommt es!«

Hanne kam mit dem Gürteltier im Arm herein. Als sie es auf den Teppich setzte, kroch es schlaftrunken herum. Für Dilly war ja jetzt Schlafenszeit. Mit ihrem dick verbundenen Bein sah sie komisch aus.

»Das ist also ein Gürteltier.« Der Afrikaner beobachtete gebannt, wie Dilly hinter einem großen Porzellanleoparden Schutz suchte.

»Haben Sie noch keins gesehen?«

»Noch nie.«

Er zog aus einer Innentasche seines Anzugs eine Fotografie und reichte sie mir. Sie zeigte eine Gruppe lächelnder Schwarzer, die aufgereiht standen wie auf einer Klassenaufnahme. Unter ihnen waren zwei Weiße in priesterlichem Gewand. Alle Afrikaner wiesen Anzeichen einer Lepra-Infektion auf, knollige, verzerrte Gesichter, verkrüppelte Glieder.

»Weiße Priester«, sagte Herr X, während er seine Socke wieder überstreifte. »In der Leprakolonie, wo ich als Kind war. Ich bin der äußerste rechts in der zweiten Reihe.«

Ich betrachtete das Gesicht auf der Fotografie. Es war fast unkenntlich, die Karikatur eines Boxers, nachdem er gerade einen schlimmen Kampf verloren hat, aber auf dem Körper eines Jünglings. Ich schaute zu demselben Gesicht etwa vierzig Jahre später auf. Das chronisch entzündete Gewebe war nicht mehr da. »Ja, das bin ich. Derselbe Mensch. Ich war damals nicht sehr schön anzusehen. Weiß der Himmel, wie viele Medikamente ich im Lauf der Jahre genommen habe. Zuerst das gräßliche Chaulmoogra-Öl, das mir Übelkeit bereitete, dann wurde ich nach dem Zweiten Weltkrieg mit Chemotherapeutika behandelt, die den weiteren Verlauf der Krankheit hemmten, und schließlich mit Dapson.«

Er erzählte uns folgendes: Als er in der Kindheit an Lepra erkrankt war, hatten seine Eltern, Animisten, das Unglück der Tatsache zugeschrieben, daß ihr Sohn zu einer Missionsstation übergelaufen war. Die Schlangengöttin hatte sich über seine Neigung zur europäischen Religion erbost und ihn mit der schrecklichen Krankheit gestraft, die unaufhaltsam seinen Körper zerstören würde. Der Knabe war jedoch in der Mission ärztlich behandelt und insofern geheilt worden, als die Krankheit nicht mehr weiter fortschritt. Die Verstümmelungen konnten nicht mehr rückgängig gemacht werden; sein rechter Fuß zeugte von der furchtbaren Zerstörungsmacht der Krankheit, wenn sie nicht rechtzeitig behandelt wird. Herr X war zum christlichen Glauben übergetreten und hatte in der Mission eine Grundausbildung erhalten. Mit Glück, harter Arbeit und eiserner Willenskraft hatte er erreicht, was nur wenigen ehemaligen Leprakranken gelingt: Er war zu einem normalen Leben zurückgekehrt und hatte Freunde gewonnen. In Frankreich hatte er studiert und sein Anwaltsexamen gemacht; danach war er in seiner Heimat in den Staatsdienst getreten. Als sein Land unabhängig wurde, stieg er mit Leichtigkeit zu einem hohen diplomatischen Posten im Ausland auf. Aber er konnte und wollte seine Vergangenheit nicht vergessen.

»In gewissem Sinne habe ich die Mission in R ... nie verlassen«, sagte er. »Lepra – die Hansensche Krankheit, wenn Sie so wollen – hinterläßt Narben, vielleicht nur kleine und unsichtbare, falls man Glück hat, aber sie sind da, nicht nur am Körper, sondern auch in der Seele. Ich habe viele traurige Fälle gesehen, die zu spät behandelt wurden. Fälle, wo kein Arzt mehr helfen konnte. Ich dankte dem heiligen Lukas, als das Bakterium von mir genommen wurde, und ich gelobte ihm vieles – ich weiß, das findet man verrückt, wenn man nicht Katholik ist –, aber ich bemühe mich, mein Gelübde zu erfüllen. Ich habe eine große Schuld abzutragen. Ich stehe in der Schuld der Priester, denen ich zu verdanken habe, was ich heute bin. Nun habe ich gelesen, daß die Wissenschaftler Gürteltiere verwenden, um ein Serum gegen die Lepra zu finden. Es ist mir klar, daß Tierversuche für die medizinische Forschung unumgänglich sind, aber der Gedanke, daß ein Tier absichtlich mit Leprabakterien infiziert wird ... diese Vorstellung ist mir unerträglich.«

Seine Augen glänzten. Ich hatte ihm gebannt zugehört, einem

Menschen, der auf eine Weise gelitten hatte, die mir kaum vorstellbar war. »Ich muß irgendwie helfen, wenn ich kann«, schloß er.

»Aber unsere Dilly hier ist nicht leprakrank, und meines Wissens wird sie auch nicht zu Tierversuchen benutzt werden«, versicherte ich ihm.

»Das ist mir klar, und ich will mich der Forschung auch gar nicht in den Weg stellen. Ich will nur sozusagen symbolisch dieser neuen Gattung wehrloser Leprakranker helfen.«

»Um dem heiligen Lukas zu danken oder die Schlangengöttin zu versöhnen«, sagte ich.

»Ja. Sie verstehen?«

Es war die seltsamste Geschichte, die mir jemals ein Klient erzählt hatte. Sie rührte mich, und sie ergab auch einen Sinn.

Es gibt immer noch unzählige Leprakranke in der Welt. Lepra tritt nicht nur in Afrika und Asien auf, sondern auch in Mittel- und Südamerika, in Nordaustralien und, allerdings selten, in Spanien. Die Forschung befaßt sich mit vielen Aspekten der mißverstandenen Krankheit, die allgemein mit übertriebener und häufig ganz unnötiger Furcht betrachtet wird. Hauptsächliches Ziel ist die Entwicklung eines Impfserums, aber viele Jahre lang kam man ihm um keinen Schritt näher, weil sich der Lepra-Erreger weder im Laboratorium noch mit Tierversuchen kultivieren ließ. Das Bakterium wollte sich außerhalb des menschlichen Körpers einfach nicht vermehren. Es blieb auch ein Rätsel, wieso sich viele Leute, die jahrelang mit Leprakranken in Kontakt sind, nicht anstecken, also immun gegen den Erreger sind. Man hat zwar bei Nagetieren die sogenannte Rattenlepra gefunden, aber das ist in vieler Hinsicht eine andere Krankheit als der Aussatz, die uralte Geißel der Menschheit.

Dann aber wurde vor einigen Jahren entdeckt, daß der Lepra-Erreger kaum des Zuredens bedurfte, um sich im Gewebe der Gürteltiere festzusetzen und zu vermehren. Möglicherweise hängt es mit ihrer Körpertemperatur zusammen, die für ein Säugetier sehr tief ist, nämlich 30°C (verwandte Familien wie etwa die Faultiere sind ebenso »kaltblütig«). Ganz plötzlich wurde so das harmlose Säugetier, das in den zikadenschrillenden, duftenden Nächten der südamerikanischen Landschaft Jagd auf Insekten, Termiten, Würmer und Vogeleier macht, ein gefragtes Versuchstier, das der Lepraforschung dienen sollte. Erst vor kurzem fand man unter freilebenden Gürteltieren aussätzige Exemplare, und man stellte auch fest, daß dieses Tier für etliche andere Humankrankheiten anfällig ist, darunter Typhus, Rückfallfieber und die Wurmerkrankung Schistosomiasis. Armes liebes Gürteltier!

Darum bestand eine Verbindung zwischen dem freundlichen schwarzen Diplomaten und der kleinen Dilly und ihren Artgenossen. Nichtsdestoweniger fand ich es rührend, daß es Herrn X am Herzen lag, diesem unglückseligen Vertreter einer der primitiveren Säugetierfamilien zu helfen. Hätte er mir seinen Fuß und die Fotografie nicht gezeigt, hätte ich ihm nicht in die gütigen Augen geblickt und seine Geschichte von Göttinnen, Priestern und unsäglichen Leiden nicht gehört, ich glaube, ich hätte ihn bei den Leuten eingereiht, die sich der Humanitätsduselei ergeben. So aber kam ich mir ganz klein vor.

»Exzellenz«, sagte ich schließlich, »Sie können darauf vertrauen, daß wir für das Gürteltier unser Bestes tun werden. Wenn der Fiberglasverband nichts genützt hat und der Bruch nicht geheilt ist, werde ich es von einem Spezialisten der Universität Cambridge untersuchen lassen. Und wenn etwas getan werden muß, das der Besitzer sich nicht leisten kann, werde ich Sie benachrichtigen. Sind Sie damit einverstanden?«

Der Afrikaner strahlte mich an und klopfte fröhlich mit seinem Spazierstock auf den Fußboden. »Und Sie geben mir auch Bescheid, wie es ihm geht, ja?« Er reichte mir seine Visitenkarte.

»Gern, Exzellenz.«

Er erhob sich, und wir schüttelten einander die Hand. »Wenn ich Ihnen irgendeinen Dienst erweisen kann, Herr Doktor ...«

»Nun, in Ihrem Teil von Afrika kommen die größten Frösche der Welt vor, die Goliathfrösche. Sie können so groß wie ein Foxterrier werden. Es gab in einem deutschen Zoo einige Exemplare, die aber kürzlich versehentlich durch ein Ungeziefervertilgungsmittel getötet wurden. Ich hätte sehr gern die Erlaubnis, ein paar auszuführen und wäre für eine Kontaktadresse dankbar. Ich brauche jemanden, der sie mir fangen könnte.«

»Überlassen Sie das nur mir.« Herr X verabschiedete sich freundlich und ging hinaus zu seiner wartenden Limousine.

Dilly lebte sich sehr gut bei uns ein, und als sie sich genügend erholt hatte, kam der Tierhändler aus Brighton, um sie abzuholen. Ich freute mich, Herrn X mitteilen zu können, daß das Gürteltier für einen der schönsten holländischen Zoos bestimmt war, wo es im Haus der Nachttiere untergebracht werden sollte. Ich vereinbarte, daß Dilly mir in drei Wochen wieder gebracht werden sollte, weil ich dann den Verband abnehmen wollte. Zu diesem Zeitpunkt waren alle Quetschungen und Schürfungen verheilt, und sie konnte über unseren Teppich huschen, als ob der steife Verband gar nicht vorhanden wäre. Es ist weitaus schwerer, einen solchen Verband abzunehmen als ihn anzulegen, und in Dillys Fall arbeitete ich eine halbe Stunde mit einer kleinen Säge und einer zahnärztlichen Zange.

An der Bruchstelle hatte sich fester Kallus gebildet, und das Beinchen sah gut aus. Als Dilly wieder auf dem Boden saß, strebte sie eiligst einem Winkel hinter dem Fernsehgerät zu, wobei das geheilte Bein nicht die geringste Schwäche zeigte. Kein weiterer Eingriff notwendig! Hanne und mir fiel der Abschied von unserem kleinen Hausgast schwer, und sowie er fort war, setzte ich mich hin und teilte Herrn X die frohe Kunde mit.

Zwei Tage später hielt abermals ein Mercedes vor unserer Tür, und der Chauffeur gab einen Brief mit einem Gesandtschaftssiegel aus grünem Wachs ab. Der Umschlag enthielt eine Einladung von einer gewissen Gesandtschaft in Kensington, ein Empfehlungsschreiben an einen Zoologen, der in Afrika Feldstudien über Goliathfrösche durchführte, und ein kleines Medaillon mit dem Bild des heiligen Lukas, des Schutzpatrons der Ärzte.

Es begann auf beunruhigende Weise so auszusehen, als ob der Fall Bubbles nicht so glücklich enden würde. Ich erhielt täglich entweder von Conny oder von Gerda telefonischen Bericht über den Zustand der infizierten Flosse, und es dauerte nicht lange, bis wir erkannten, daß es um den Delphin schlimm stand. Die Haut löste sich von der entzündeten Flosse, und darunter zeigte sich übelriechendes, abgestorbenes Fleisch. Bubbles verriet in zunehmendem Maß Anzeichen von Schmerzen, hatte Mühe, die kranke Flosse zu bewegen, und begann abzunehmen. Als die Ergebnisse der Laboruntersuchungen kamen, erfuhr ich, daß es sich tatsächlich um Pseudomonas handelte. Weitere Untersuchungen zeigten, daß sie gegen alle Antibiotika resistent waren außer gegen Polymyxin – ein Präparat, das wir nicht anwenden konnten, weil es langsam intravenös injiziert werden muß – und gegen Gentamycin. Unseligerweise wurde in dem Laborbericht hinzugefügt, Gentamycin sei gegen den Erreger verhältnismäßig unwirksam.

»Was meinst du, kann Gentamycin die Verbreitung aufhalten?« fragte Conny, als er mich nach der Ankunft in Mannheim anrief.

»Hoffentlich, aber sicher bin ich nicht. Wie sieht's aus?«

»Die Infektion scheint sich zu verbreiten. Viel Haut ist nicht mehr an der Flosse. Sieht nach einer richtigen Schweinerei aus!«

»Frißt Bubbles, und bewegt sie sich?«

»Sie macht mich unglücklich. Sie hat vorzügliche Makrelen verweigert und nur zwei Kilo Heringe zu sich genommen. Und sie ist zum erstenmal apathisch.«

Bubbles war also jetzt lustlos. Verbreitete sich die Infektion im Körper? »Sonst noch etwas, Conny?« fragte ich.

»Ja. Gerda ist gerade in den Wagen gekommen und sagt, es sei noch mehr verfault, und sie glaubt, Knochen sehen zu können.«

»Ich komme mit dem nächsten Flugzeug«, sagte ich. »Jetzt gibt es nur noch eine Möglichkeit.«

»Welche? Meinst du, ein anderes Mittel könnte helfen?«

Connys Stimme klang müde; ich wußte, daß ihn die Pflege den Schlaf gekostet hatte.

»Nein, andere Mittel gibt es nicht. Die Flosse muß amputiert werden.«

Er schwieg eine Weile. Dann fragte er: »Ein Delphin mit nur einer Flosse? Kann Bubbles dann noch schwimmen?«

Einen auf solche Weise verstümmelten Delphin hatte ich noch nie gesehen – ohne Rückenflosse oder nur mit halbem Schwanz, das ja, aber was ergab sich, wenn ein Seitenruder fehlte? Von einer derartigen Amputation hatte ich auch noch nie gehört; man kannte zwar Geschichten von Delphinen, die schwere Bisse von Haien überlebt hatten, aber bei keinem von ihnen war eine Seitenflosse verletzt worden.

»Es sollte gehen, Conny«, sagte ich. »Sie paddeln nicht mit den Seitenflossen, sondern benutzen sie als Haltungskontrolle, für die Schräglage und für Kurven. Wir sprechen darüber, wenn ich bei euch bin.«

Ich legte den Hörer auf. Das war ja alles gut und schön, aber konnte ein Delphin mit nur einer Flosse ohne weiteres Wendungen vollführen? Schwamm er dann nicht im Kreis, hatte er nicht Schwierigkeiten beim Tauchen und Aufsteigen? Und wie sollte ich bei der Amputation vorgehen? Was für ein Betäubungsmittel konnte ich bei einem dressierten Delphin mitten in Deutschland anwenden? Das Problem Bubbles nahm mich vollständig in Anspruch, als ich am frühen Abend eine Maschine der Lufthansa nach Frankfurt bestieg.

Mein Koffer enthielt viele orthopädische Instrumente, aber kein allgemeines Betäubungsmittel. Allgemeine Betäubungsmittel sind bei Waltieren sehr schwer anzuwenden, ihre Anatomie und Physiologie sind für Anästhetiker ein Alptraum. Man kann das Betäubungsmittel nicht injizieren, und Gas kommt nicht in Frage, weil die Maske auf dem Atemloch nichts nützt: Das Tier hält einfach den Atem an und atmet das Betäubungsmittel nicht ein. Versucht man einen Schlauch in die Luftröhre einzuführen, so findet man keinen Zugang; um in die Luftröhre zu gelangen, muß man mit dem Arm in den Schlund hinuntergreifen und die Luftröhre buchstäblich herausreißen. Selbst wenn die Einführung eines Schlauchs gelingt, ist zu bedenken, daß das Gehirn des Delphins weder auf geringen Sauerstoffgehalt des Blutes noch auf erhöhten Kohlensäuregehalt reagiert, daß das Tier in langen Intervallen und nur kurz atmet, und daß die Lungen gewöhnt sind, die Luft beim Tauchen unter Druck zu assimilieren. Mit anderen Worten, der Betäubungsprozeß, der Menschen, Hunde, Pferde oder Schimpansen in die Welt der Träume sinken läßt, funktioniert bei Meeressäugetieren nicht. Man braucht einen ganz besonderen Apparat, der die normalen physiologischen Atmungsbedingungen des Delphins simuliert und gleichzeitig dem System des Tieres eine große Menge an betäubendem Gas zuführt. Eine solche Apparatur – ein Geschenk der amerikanischen Marine – steht uns in Cambridge zur Verfügung, aber mit Bubbles mußte ich mich in Mannheim ohne diese technische Hilfe befassen.

Da injizierbare Barbiturate, Narkotika und andere flüssige Betäubungsmittel für Waltiere bekanntermaßen äußerst gefährlich sind, beschloß ich, bei der Operation die einzige noch mögliche Technik anzuwenden – Lokalanästhesie. Mit dem Mittel, das Zahnärzte zur schmerzlosen Behandlung benutzen, wollte ich das ganze Nervensystem der Delphinflosse blockieren. Darum verbrachte ich die anderthalbstündige Flugzeit damit, die wissenschaftlichen Publikationen über die feine Anatomie dieses Körperteils durchzugehen. Ich konnte nur hoffen, daß die Autoren recht hatten; viel war nicht über das Nervensystem des Schultergelenks und der Flosse des atlantischen Großen Tümmlers veröffentlicht worden, und das wenige datierte viele Jahre zurück.

Vielleicht stand es um Bubbles nicht ganz so schlimm, wie Conny mich hatte glauben lassen, dachte ich. Vielleicht sah die Flosse nur halb so schlimm aus. Vielleicht hatte Gerda keine Knochen gesehen, sondern nur weißes Bindegewebe. Wer weiß, mit ein bißchen Glück konnte ich die Amputation vermeiden und es zum Beispiel mit Polymyxinsalbe versuchen. Schon öfters hatte sich alles als viel rosiger und positiver herausgestellt, als von mir befürchtet worden war.

Doch als ich dann nach der Ankunft in Mannheim Bubbles aus dem Wasser holen ließ, erkannte ich sofort, daß keine Wahl, kein leichter Ausweg blieb. Gangrän war entstanden. Die Flosse war fast ganz abgestorben, und die Trennlinie zwischen zersetztem und lebendem Gewebe war nur noch ein bis zwei Millimeter von der »Achselhöhle« entfernt, wo Gelenk und Brustkasten zusammentreffen. Die Flosse mußte sofort abgenommen werden. Wir hatten keine andere Wahl, wenn Bubbles' Leben gerettet werden sollte.

Eine Amputation gehört nicht zu den üblichen chirurgischen Maßnahmen des Tierarztes. Bei Vieh und Pferden hat sie keinen praktischen Wert, und Besitzer von Haustieren finden sie meistens »grausam«. In Wirklichkeit ist es weder grausam noch sinnlos, einem vierbeinigen Geschöpf das Leben zu retten, indem man es zu einem »Dreirad« macht. Die meisten amputierten Katzen und Hunde kommen mit drei Beinen fast ebensogut zurecht wie ihre Artgenossen mit vieren. Die Operation ist im allgemeinen unkompliziert, dauert nur kurz und hat weder Schmerzen noch gesundheitliche Schädigungen zur Folge. Im Verlauf der Jahre hatten wir sie bei vielen exotischen Tieren vornehmen müssen, größtenteils bei Vögeln. Im Jahr 1960 hatten Ray Legge, der Direktor des Zoos Bellevue, und ich einen einbeinigen Flamingo mit einem künstlichen Bein aus Holz und Gummi ausgerüstet, mit dem das Tier sichtlich zufrieden war. In einem holländischen Zoo gibt es einen einbeinigen Gorilla und – als größte Überraschung – ein Känguruh, das mit einem Bein ebenso munter umherspringt wie früher auf zwei Beinen. Wahrscheinlich fällt es den meisten Zoobesuchern nicht einmal auf, daß bei diesen Tieren etwas nicht stimmt. Trotzdem bleibt die Tatsache bestehen, daß niemand voraussagen konnte, ob ein gleichermaßen verstümmeltes Meeressäugetier mit der Körperbeschädigung auch so leicht fertig werden würde.

Der Zirkus stand auf einem Brachland in der Nähe der Stadt. In der Nähe befand sich auch der Schlachthof, wo ich zusammen mit dem Chefveterinär Dr. Helmut Fritz mehrmals Delphine seziert hatte. Er teilte meine Liebe zu Delphinen und war außerdem ein Fachmann für Gelenke. Ich überlegte, ob ich ihn anrufen und fragen sollte, ob es möglich sei, die Operation im Schlachthof vorzunehmen; aber es dunkelte bereits, und ich wollte Bubbles nicht zu weit vom Wasserbecken entfernen. Ich entschied mich doch dafür, den Delphin neben dem Becken zu operieren, und zwar ohne den geringsten Verzug. Ich breitete meine sterilen Instrumente auf einem Plastiktuch aus, das von einem Antiseptikum durchfeuchtet war. Die Umstände erinnerten an eine Operation auf dem Schlachtfeld, aber ich wollte den Streß für den Delphin auf ein Mindestmaß beschränken. Je schneller Bubbles wieder im Wasser war, desto besser, und da ich alle möglichen Mittel bei mir hatte, konnte ich sie beruhigen und postoperative Infektionen verhüten.

Es regnete stark, und Rinnsale drangen unter den Zeltwänden herein. Pfützen bildeten sich an manchen Stellen. »Ich brauche eine Plache, die mit chloriertem Wasser gewaschen ist. Darauf will ich sie legen«, sagte ich zu Conny. »Drei deiner kräftigsten Leute sollen sie festhalten, während ich die Lokalanästhesie vornehme.«

Conny und seine Leute hatten alles in Minutenschnelle erledigt. Da sah ich Gerda mit verhärmter und besorgter Miene in der Nähe stehen. Wenn sie zusah, wie ihre geliebte Bubbles verstümmelt wurde, konnte sie einen ihrer Migräneanfälle bekommen. »Geh in deinen Wohnwagen«, sagte ich. »Wir brauchen dich nicht.« Aber sie widersetzte sich. »Dann mach uns bitte einen guten Kaffee, Schätzlein«, bat ich sie. »In zwanzig Minuten sind wir fertig.«

Bubbles lag friedlich auf der Seite. Ich horchte ihr Herz mit dem Stethoskop ab – 36 Schläge in der Minute, kräftig und regelmäßig. Es war typisch für Bubbles, daß es sie nicht beunruhigte, an Land zu sein. Sie war im Lauf der Jahre für Transport oder medizinische Behandlung schon so oft aus dem Wasser geholt worden, daß sie wußte, daß sie von den Menschen nichts zu befürchten hatte; irgendwann wurde sie von ihnen ins Wasser zurückgebracht.

»In Ordnung«, sagte ich. »Zwei Männer sollen sie am Schwanz festhalten, ein dritter und Conny am Leib. Aber nicht auf sie knien und keinen Druck auf den dehnbaren Brustkorb ausüben. Bleibt mit Nase und Mund möglichst weit vom Atemloch entfernt – ich will nicht, daß sie sich von uns etwas holt.«

Nach der Lokalanästhesie sollte ein Mann nur noch ihren Kopf im Arm halten und ihr beruhigend zusprechen; Zwang war dann nicht mehr nötig.

Als alle in Stellung waren, injizierte ich ein wenig Librium in die Vene der Schwanzflosse und wartete ab, bis Bubbles drei Minuten später schläfrig und entspannt war. Dann desinfizierte ich die Schulterhaut und stach mit einer langen Nadel hinein. Als die Spitze die Stelle erreichte, wo meiner Berechnung nach der erste große Nerv der Flosse war, schraubte ich eine Spritze mit Xylokain an und injizierte das Mittel. Ich wiederholte die Prozedur an anderen Stellen, um sicherzugehen, daß jeder Nerv betäubt war. Schließlich injizierte ich das Anästhetikum dort, wo ich den Einschnitt machen wollte. Bubbles ließ die Stiche ohne einen Mucks über sich ergehen. Ich sagte den Männern, sie könnten das Tier nun loslassen, aber einer solle Bubbles ab und zu mit Wasser bespritzen, um Überhitzung der Haut zu verhindern. Während ich auf die maximale Wirkung des Betäubungsmittels wartete, betrachtete ich den fortgeschrittenen Gewebebrand genauer. Um durch gesundes Gewebe zu schneiden, das sich zum Nähen eignete und gut verheilen würde, mußte ich die Flosse nahe bei der Brust abnehmen. Ich hielt es für besser, den kurzen »Armknochen« durchzuschneiden, als ihn am Schultergelenk abzunehmen, weil mich die Erfahrung gelehrt hatte, daß die fortgesetzte natürliche Absonderung der Gelenkschmiere manchmal die Verheilung amputierter Glieder verhindert.

Als ich mein Skalpell in die Hand nahm, um mit der Operation anzufangen, lief es mir bei dem Gedanken, wie es Bubbles ergehen mochte, wenn sie wieder im Wasser war, kalt über den Rücken. Auf dem Boden ertrinken? Ich schlug mir diese Vorstellung aus dem Kopf und konzentrierte mich auf das kleine Stück glatter grauer Haut vor meinen Augen.

Um die Operation zu beschleunigen und zugleich Blutungen zu verhindern, führte ich den Schnitt durch die Flosse nach der Durchtrennung der Haut mit embryotomischem Draht. Bubbles rührte sich nicht, und niemand sprach ein Wort, als ich die Schlinge des ungeheuer starken Schneidedrahts über die Flossenwurzel streifte und schnell zu sägen begann. Es dauerte nur zehn Sekunden. Der Blutverlust betrug etwa einen Teelöffel voll, als die gangränöse Flosse abfiel. Ich hatte nicht mehr Zeit gebraucht als die Chirurgen zu Nelsons Zeiten, die sich auf ihre Geschwindigkeit bei Amputationen etwas einbildeten: Ein berühmter Schiffsarzt konnte zu Beginn des neunzehnten Jahrhunderts in weniger als sechs Sekunden das Bein eines Verwundeten amputieren, den zwei Matrosen festhielten und der nur mit Rum betäubt worden war.

Sorgfältig suchte ich das Operationsfeld nach einem Zeichen ab, das erkennen ließ, daß sich der Krankheitsprozeß doch noch weiter ausgebreitet hatte; aber ich fand nichts. Dann streute ich ausgiebig antibiotischen Puder in die Wunde und vernähte sie mit absorbierbarem Dexon.

Gerda war zurückgekehrt und blickte mit blassem Gesicht zu uns herüber. »Sei unbesorgt«, sagte ich. »Gleich fertig. Operationswunden heilen bei Delphinen im Salzwasser erstaunlich schnell. Ich muß nur noch die Stiche mit einer Plastikschicht besprühen.«

»Was meinst du, wie ist es gegangen?« fragte Conny mit belegter Stimme. Sein Hemd war schweißdurchtränkt. Er hatte nicht gemerkt, daß seine Hose, als er auf der Plache hockte, klitschnaß geworden war von dem desinfizierten Wasser, in das sich Blut und Urin des Delphins mischten. Ich selbst bemerkte es bei mir auch erst, als ich aufstand und an mir hinuntersah.

»Sehr gut, o ja«, antwortete ich. »Den letzten Moment erwischt, glaube ich. Jetzt wollen wir sehen, wie es im Wasser gehen wird.«

Behutsam wurde Bubbles auf die Trage gelegt und über die Stufen zum Rand des Beckens gebracht. »Lassen Sie sie erst ins Wasser, wenn ich es sage«, wies ich die Männer an. »Kippen Sie sie so, daß sie mit der gesunden Seite aufschlägt.« Ich wartete, wie mir schien, stundenlang, in Wirklichkeit aber nur etwa zwanzig Sekunden, bis Bubbles auf der Trage nochmals Luft geholt hatte. Die anderen Delphine streckten erwartungsvoll den Kopf aus dem Wasser. »Jetzt!«

Die Männer kippten die Trage, und Bubbles rutschte ins Becken. Wir lehnten uns alle vor und strengten uns an, durch die aufgewühlte Oberfläche zu sehen. War sie das, oder war die graue Gestalt, die sich da unten hin und her wand, einer ihrer Artgenossen? Delphine sind große Geschöpfe, aber sogar in einem kleinen Becken können sie verschwinden oder sich in flitzende Schatten verwandeln, wenn sie unter Wasser sind.

Bald darauf tauchte ein Delphin auf und holte mit einem explosiven Laut Luft. An dem gekerbten Ende der Rückenflosse erkannte ich Fritz, den Casanova, der alles verschuldet hatte. Ein anderer Delphin kam hoch und wälzte sich auf den Rücken, so daß sein dicker rosiger Bauch zu sehen war. Er hatte zwei Flossen, war also nicht Bubbles. Mich schauderte wieder. Dann verdichtete sich genau unter der Stelle, wo ich stand, auf einmal ein Kaleidoskop grauer Gestalten zu einer einzigen Form, die immer dunkler wurde: Ein Delphin stieg auf. Es war Bubbles. Ihr Kopf durchstieß die Oberfläche, sie krümmte den Rücken, holte tief Luft und peitschte das Wasser mit dem Schwanz. »Sie schwimmt!« rief Conny.

Wahrhaftig, Bubbles schwamm schnurgeradeaus. Mit klopfendem Herzen wartete ich ab, was geschehen würde, wenn sie am Ende des Beckens ankam. Es entstand ein leichtes Gewühl im Wasser, als sie wenden wollte; dann machte sie mit der gesunden Flosse ein paar wriggende Bewegungen und nahm mühelos die Kurve. Linke und rechte Wendungen schienen ihr nach diesen knappen Wriggbewegungen gleich leichtzufallen. Sie tauchte auch ebenso unbehindert wie früher, und ihr Aufstieg vollzog sich kraftvoll, bedurfte nur dieser kleinen, ungewöhnlichen Steuerbewegungen mit der einen Flosse. Als sie einen Überschlag mit anschließendem Tauchen vollführte und dann quäkend und mit geöffneter Schnauze wieder auftauchte, um ihren ersten postoperativen Fisch zu fordern, klatschten wir alle Beifall. Bubbles war wieder die alte.

»Na, was meint ihr dazu?« fragte Conny, wobei er mich mit dem einen Arm und Gerda mit dem andern an sich drückte.

»Ich glaube, sie wird ganz gesund werden«, antwortete ich, »aber noch so ein Liebesbiß in die andere Flosse, und ich kann für nichts garantieren.«

In der Tat wurde Bubbles, der einhändige Delphin, wieder ganz gesund, und die Rekonvaleszenz verlief komplikationslos. Es war ihr jedoch kein langes Leben mehr beschieden; das gefährliche Dasein in einem Wanderzirkus wurde ihr doch zuviel: Einige Monate später erkrankte sie an Hepatitis und starb bald darauf.

Heute bin ich ganz froh, daß es in Europa keine Delphin-Vorstellungen im Wanderzirkus mehr gibt. Conny und Gerda wurden seßhaft und errichteten in der reizenden Ortschaft Lipperswil unweit des Bodensees ein Delphinarium. Seither erfreuen sich, wie ich es mir gleich gedacht hatte, ihre Meeressäugetiere – Delphine, Seelöwen und ein winziger Schwertwal – blühender Gesundheit. Bedauerlich für Tierärzte, könnte man sagen, aber ausgezeichnet für Geschöpfe wie Bubbles.

3

Wenn Papageien Menschen wären, wären sie unerträglich. Sie sind zwar die intelligentesten Vögel, aber auch die empfindlichsten, reizbarsten und eingebildetsten. Man kann einen Papagei mögen, doch ich bezweifle, daß man ihn lieben kann. Papageien werden mit cholerischem Auge geboren, mit gallsüchtiger Anschauung, schriller Stimme, sturen Ansichten und den Mitteln, diese Ansichten in Form eines Schnabels fühlbar zu machen, der an einem Menschenfinger Spuren hinterläßt, wie eine Baumschere an einer Mettwurst. Papageien leben sehr, sehr lange und sind ebenso lange nachträgerisch. Der Mensch, der die Fähigkeit entwickelt, mit Papageien zu arbeiten, ist selten, und einer, der von Laura tatsächlich geduldet wird (ich zögere, das Wort Sympathie zu gebrauchen), ist noch seltener und muß eine Hornhaut, perforierte Trommelfelle und irgendwo in seinem Stammbaum ornithologisches Blut haben, von dem die Familie nicht gern spricht.

Ein solcher Mensch war der Engländer, der in Rio Leon, einem spanischen Safari-Park, wo ich oft als Tierarzt zu tun hatte, Vorstellungen mit Papageien gab. Viermal am Tag traten seine Artisten auf der Bühne im Freilicht-Delphinarium auf. Das groteske Ensemble blau-goldener Aras und schwefelgelbbehaubter Kakadus radelte, trieb Suchspiele, feuerte Bonbons aus kleinen Kanonen und beschimpfte die Zuschauer. Der Star der Schau war Arthur, ein vierzigjähriger Papagei, der alle Kunststücke spielend bewältigte, z. B. spektakulär auf den Rücken fiel und vier Minuten lang bewegungslos lag, wenn der Dresseur eine Pistole auf ihn richtete und »Peng!« sagte. Im Gegensatz zu den meisten dressierten Papageien ließ sich Arthur nicht ohne weiteres ablenken. Viele gefiederte Artisten weigern sich, die Bühne zu betreten, oder überhören ihr Stichwort, wenn Regentropfen aufs Dach über ihnen klopfen oder ein unbekannter Gegenstand in der Nähe der Bühne auf dem Boden liegt. Arthur war viel zu sehr Profi, um sich so zu verhalten. Außerdem liebte er die Erdnüsse, die ihm während der Vorstellung zugesteckt wurden. Sein Wortschatz war begrenzt, aber er sollte ja kein sprechender Papagei sein. Irgend jemand hatte ihm beigebracht, ein einziges Wort laut und deutlich auszusprechen, nämlich die ziemlich grobe spanische Betitelung »Cojones!«, die etwa mit »Arschlöcher« zu übersetzen wäre.

Auf der Bühne hielt Arthur allerdings den Schnabel, im Gegensatz zu seinen Kollegen, die während der Arbeit die Zuschauer scheel ansahen und ankreischten. Doch wenn sich die andern betätigten, saß Arthur unangebunden auf seiner Stange im Hintergrund der Bühne und ließ seine Bemerkung ab und zu vom Stapel. Wenn der Dompteur zum Beispiel einen der Kakadus für einen gekonnten Rollschuhlauf lobte und das Publikum zum Applaus antrieb, meldete sich Arthur zu Wort. »Cojones! Cojones!« ertönte sein Ruf. Nonnen, die mit einer Klasse der Klosterschule einen Ausflug unternommen hatten, sahen dann die kichernden Kinder vorwurfsvoll an.

Nach der Papageien-Vorstellung kamen die Schimpansen an die Reihe. Pongo, Pablo und Pepe, drei ausgewachsene Schimpansen, hielten eine Teegesellschaft ab. Während sich das Trio an Brötchen und Limonade gütlich tat und die Nummer mit einem lustigen Angriff auf den Dompteur abschloß, bei dem sie ihn mit den Leckerbissen bewarfen, saßen die Papageien auf ihrer Stange und schauten zu. Erst am Ende des Tages wurden sie in den Vogelkäfig in der Nähe des Delphinbeckens gesperrt. Pongo, Pablo und Pepe waren liebenswürdige Schimpansen; ich hatte alle drei gegen Masern behandelt und einmal Pablos entzündete Kniegelenke dräniert. Man kann sich keine gesitteteren und ausgeglicheneren Menschenaffen vorstellen. Sie betrachteten ihren Dompteur als einen älteren Bruder, nahmen die Medizin von ihrem Onkel Doktor ohne Furcht und Widerwillen entgegen und übersahen stoisch die Papageien, mit denen sie viermal täglich im Scheinwerferlicht standen.

Das Ärgernis begann mit Arthur, und es war meine Schuld. Eines Tages führte ich mit Rolf Rohwer, dem Direktor von Rio Leon, eine Routine-Inspektion bei allen Tieren durch, und Rohwer bat mich, mir eine Geschwulst anzusehen, die sich vor kurzem an Arthurs Rücken entwickelt hatte. Arthur saß mißgelaunt auf seiner Stange unter einem Sonnendach. Ich gab ihm wohlweislich ein Stöckchen zu zerknabbern, während ich schnell die Schwellung zu betasten versuchte. Rasend vor Wut auf meinen vorwitzigen Finger hackte Arthur zweimal zu, doch da er die Zeit falsch berechnete, gelang ihm die Amputation nicht, und so beschloß er, sich aus dem Staub zu machen. »Cojones!« schimpfte er und flog davon. Er landete ein paar Meter entfernt – genau auf dem Kopf des Schimpansen Pongo.

Pongo saß brav am Tisch, die Teegesellschaft war zu Ende, und die Zuschauer zerstreuten sich bereits, als Pongo als Sitzplatz auserwählt wurde. Anstatt zu quietschen und wild nach seinem ungebetenen Kopfschmuck zu schlagen, machte er einen Buckel, entblößte fast entschuldigend die Zähne und blickte uns ungläubig an. Der Trainer trat näher, um Arthur zu holen. Arthur krümmte seine Krallen, um auf Pongos Skalp besser Halt zu finden und tat etwas Unsagbares – mitten auf den Kopf des Schimpansen setzte er ein grün-weißes Häufchen. »Cojones!« kreischte er schadenfroh, als der Dompteur ihn zu seiner Stange zurücktrug.

Nun setzte ich die Untersuchung der Geschwulst fort. Wie sich herausstellte, enthielt sie nur Luft, und als ich die Luft mit einer Spritze herausgesaugt hatte, fiel die Schwellung zusammen. Ich weiß noch immer nicht, wieso sich diese Luftblase gebildet hatte – vielleicht durch die Ruptur eines inneren Luftsackes, der sich an die Oberfläche gearbeitet hatte. Was es auch gewesen sein mag, es kam nicht wieder vor, und Arthur erlitt durch die »Punktur« keinen Schaden.

An Pongos Kopf muß jedoch etwas gewesen sein, das Arthur an jenem Nachmittag fasziniert hatte, denn von nun an ließ er Pongos Schädel nicht mehr in Ruhe. Mitten in der Teegesellschaft, oft bei jeder Vorstellung, kreischte Arthur »Cojones!«, breitete seine azurblauen Flügel aus und flog schnurgerade auf sein Ziel zu. Hier faßte er sicheren Halt, allerdings nie so grausam, daß ein blutiger Kratzer entstanden wäre, und starrte seinen Dompteur trotzig an. Pongo krümmte sich unglücklich unter ihm zusammen und verlor jedes Interesse für Brötchen und Limonade. Die Zuschauer hatten ihren Spaß daran, besonders wenn der Dompteur Anstalten machte, die Ordnung wiederherzustellen und Arthur unweigerlich das unziemliche Wort sprach und sein Häufchen machte. Kein einziges Mal schlug Pongo ärgerlich zurück; er schien das unter seiner Würde zu finden. Es dauerte nicht lange, bis die Zuschauer Arthur die Beschimpfung »Cojones! Cojones!« zurückgaben. Er schien diebische Freude daran zu haben, sie aufzupeitschen. »Merkwürdig«, sagte ich zu Rolf Rohwer, »nie setzt er sich auf den Kopf der beiden anderen Schimpansen.«

»Ja, wirklich merkwürdig«, antwortete er. »Aber ich muß der

Sache bald ein Ende machen. Arthur richtet zwar bei Pongo keinen körperlichen Schaden an, aber ich habe das Gefühl, daß der Schimpanse vor Wut innerlich kocht.« Rolf wußte selbst noch nicht, wie recht er damit hatte.

Der erste Seelöwe, der in unser neues Heim in Lightwater kam – und wahrscheinlich auch der erste seinesgleichen, der einen Watschelfuß in das Dorf setzte – war Gemini, Terry Nutkins' kleine kalifornische Seelöwin. Gemini war in Woburn, einem alten Marktflecken in der Grafschaft Bedford geboren, und von Anfang an hatte ihre Mutter keine Lust gehabt, sie zu säugen. Terry, ein erfahrener Fachmann für Otter und Meeressäugetiere, hatte die große Mühe auf sich genommen, Gemini mit der Flasche aufzuziehen, und zwar mit dem üblichen Seelöwenmilch-Ersatz, der aus einer Mischung aus Hering, Vollrahm, Öl und Wasser besteht. Kuhmilch ist tabu für kleine Seelöwen, weil sie den darin enthaltenen Milchzucker nicht verdauen können. Als Gemini vier Tage alt war, bekam sie Kolikanfälle, und da sie große Schmerzen zu haben schien, brachte Terry sie in Windeseile im Auto zu mir. Mit einem Magenschlauch gab ich ihr ein Medikament ein, während Terry sie auf dem Schoß hielt.

Gemini erholte sich rasch, gewöhnte sich an die künstliche Ernährung und gedieh gut in den folgenden Monaten. Sie zog mit Terry um, der auf der Insel Skye einen alten Gasthof gekauft hatte, und sie wurde sogar zum Fernsehstar, der in der Sendung »Animal Magic« von Millionen Zuschauern bewundert wurde.

Ich trat auch regelmäßig in dieser Sendung auf, und meine Zusammenarbeit mit Johnny Morris bei der Aufstellung des Programms gehörte zu den schönsten Stunden meines Lebens. Mit Johnny und seinen Produzenten ließ sich herrlich arbeiten. Die Produktion des beliebten naturwissenschaftlichen Programms war früher bei Yorkshire TV, hektisch gewesen, aber jetzt, bei BBC Bristol, herrschte eine entspannte Atmosphäre, und immer wurde vor allem auf die Bedürfnisse der Tiere Rücksicht genommen.

In einer Sendung von »Animal Magic« präsentierte ich kleine wirbellose Tiere, die ich faszinierend finde. Die sogenannten medizinischen Blutegel, die in britischen Krankenhäusern und nach plastischer Chirurgie immer noch verwendet werden, sind eine mißverstandene Spezies. In vielen Teilen von England sind sie infolge des sattsam bekannten Übergriffs seitens des Menschen auf die Natur ausgestorben, aber diese orange-grünen blutsaugenden Würmer verdienen ein Gesetz zu ihrer Erhaltung ebensosehr wie Stein- und Fischadler.

Um zu zeigen, wie sich Blutegel ernähren, beschaffte ich mir ein halbes Dutzend, die einen Monat lang keine Nahrung erhalten hatten (für das Stück mußte ich dem Besitzer eines Biotops zwei Pfund zahlen), und heftete sie vor der Kamera in Großaufnahme an meine Finger, wobei ich die alten Applikationen und Gefäße zu Hilfe nahm, die früher jeder Arzt stets bei sich hatte. Ich überredete die Blutegel, sich zu bedienen, indem ich nach Anweisung eines Lehrbuchs aus dem achtzehnten Jahrhundert zuerst die Haut mit einem Tropfen Zuckerwasser netzte. Als sich die bezahnten Kieferplatten an die Arbeit machten, fühlte ich einen leichten, stechenden Schmerz. Während die Egel mein Blut saugten, wobei sie sich abwechselnd verlängerten und zusammenzogen, hielt ich meinen Vortrag über die schlaue Art und Weise, wie die Egel den Blutfluß in Gang halten. Sie sondern nämlich einen Speichel ab, der die Blutgerinnung verhindert, und halten sich in ihrem Bauch eine Kolonie von harmlosen Bakterien, die für die Verdauung ihres Vampirfestmahls sorgen.

Plötzlich fühlte ich etwas Warmes und Feuchtes unter meiner Hand, die auf dem Tisch lag, und erschrocken starrte ich in die Kamera. Als ich verstohlen hinschaute, sah ich, daß Blut aus einer winzigen y-förmigen Wunde strömte, wo ein Egel abgefallen war. Die Millionen Zuschauer, die ein Farbfernsehgerät hatten, mußten eine schöne blutigrote Pfütze auf dem Bildschirm haben.

Ich wollte gerade den Gruselfilm mit der anderen Hand verdekken, da kam der Sanitäter des Studios, den irgend jemand auf das Blutbad aufmerksam gemacht hatte, in einem weißen Kittel angesprungen und machte sich eilfertig daran, mich mit Gaze und Watte zu verbinden. Während er dramatisch eine Erste-Hilfe-Szene improvisierte, leierte ich meinen Text über diese interessanten Würmer herunter, die »nur höchstens zehn Gramm Blut abzapfen, wobei man gar nichts fühlt«. Ich beachtete den Mann in Weiß, der sich mit meiner Hand abmühte, überhaupt nicht. Als ich mir später die Video-Aufnahme ansah, machte das Ganze den Eindruck einer Notamputation, von der ich nichts merkte.

Die Folge dieses Vorfalls war, daß ich am nächsten Tag aus Derbyshire von einer Dame angerufen wurde, die von mir verlangte, ihr an einem blauen Fleck am Bein Blutegel anzusetzen. Das sei ja geronnenes Blut, also das Richtige für meine Egel. Ich lehnte höflich, aber bestimmt ab, worauf sie erklärte, ihr Hausarzt habe seine Zustimmung gegeben. Ich setzte ihr auseinander, daß es zwar nicht ungesetzlich sei, wenn ein Tierarzt Menschen behandle – im Gegensatz dazu schützt das Gesetz die Tiere vor Humanärzten –, daß ich aber nicht die Absicht hätte, im Nebenberuf mittelalterliche Medizin zu betreiben. Ich sei jedoch gern bereit, ihrem Hausarzt einige Blutegel abzutreten.

Tags darauf kam sie angereist. Die Blutegel standen bereits in einer Büchse mit durchlöchertem Deckel. Die Dame, Anfang der Fünfziger, gut gekleidet, hatte sich kaum gesetzt, da zog sie auch schon den Rock in die Höhe und zeigte mir den schlimmsten Bluterguß, den man sich vorstellen kann.

»Sehen Sie, Herr Doktor«, sagte sie und begann den Strumpf herunterzurollen. »So sieht mein Schienbein aus, seit ich vor sechs Wochen über einen Abfalleimer gestolpert bin. Ich habe eine Hölle durchgemacht. Bitte setzen Sie die Blutegel an.«

»Ausgeschlossen«, erwiderte ich. »Es sieht wirklich schlimm aus, vielleicht liegt sogar eine Entzündung vor. Ich kann das nicht riskieren.« Ich hatte keine Ahnung, wie sich Blutegel auf eine Knochenentzündung auswirken; überdies konnte ich mir nicht vorstellen, daß sie überhaupt imstande waren, bei einer so alten Verletzung geronnenes Blut aufzulösen.

»Fühlen Sie doch einmal, Herr Doktor, bitte fühlen Sie!«

Behutsam fühlte ich das blau-rote Gewebe. Es war steinhart.

»Da«, sagte sie. »Wollen Sie es jetzt tun?«

Blutegel haben zwar nur ihre besonderen Verdauungsbakterien und sind im übrigen steril, aber es war immerhin damit zu rechnen, daß Bakterien aus der Luft oder von der Haut in die kleinen Punktierwunden eindrangen. »Nein, auf keinen Fall«, entgegnete ich fest. »Aber Sie können die Blutegel mitnehmen. Wenn Ihr Hausarzt die Verantwortung übernehmen will, soll er es machen. Hier.« Ich streckte ihr die Dose hin. Mit dem Ausdruck tiefster Enttäuschung nahm sie sie entgegen, zog ihren Strumpf hoch und stand auf, um zu gehen. »Ich hätte es wirklich vorgezogen, Wenn Sie es getan hätten, Herr Doktor«, sagte sie betrübt, während sie zur Tür schritt. »Im Fernsehen gingen Sie so reizend mit den Egeln um. Sie schienen sie richtig zu mögen. Kann ich Sie nicht doch noch umstimmen?«

Ich blieb fest.

Ich hörte nie wieder von der Dame, und manchmal frage ich mich, ob sie ihren Arzt dazu gebracht hat, sie mit Blutegeln zu behandeln, und was dabei herausgekommen sein mag.

Ich fand es viel befriedigender, im Fernsehen freie Geschöpfe zu zeigen, besonders kleines Krabbel- und Kriechgetier, als mit Haustieren zu arbeiten. Neben den Blutegeln führte ich Mücken vor, vögelfressende Spinnen, Skorpione und große afrikanische Landschnecken. Einmal mußte ich kochen, auftragen und sogar essen, was Völkerstämme in anderen Teilen der Welt als Fleischnahrung zu sich nehmen. Da gab es magische Maden aus Australien, in Salz geröstete Kugelasseln und ähnliche Delikatessen. Mike, der Produzent, bestand darauf, daß wenigstens einige dieser Köstlichkeiten live vor der Kamera verzehrt wurden. Ich liebe Weinbergschnecken, vor allem auf spanische Art mit scharfer Pfeffersauce, auch die ausgefallensten Krebse, darum fand ich es selbst unlogisch, daß mir die magischen Maden mit ihren geblähten weißen Bäuchen widerstanden, da sie wie Honigseim schmecken sollen. Ich hatte auch gar keine Lust auf die gesalzenen Kugelasseln, die mich an die toten Asseln erinnerten, denen man in Treibhäusern begegnet.

Widerstrebend wählte ich die Regenwürmer und die Heuschrecken, aus denen die Forscherin Pru und ich je einen prachtvollen Kuchen gebacken hatten. Ich befand mich einmal in Singapur, als sich ein Heuschreckenschwarm auf den Straßen der Stadt niederließ. In Sekundenschnelle war jede Tür aufgerissen, und die Chinesen kamen mit Freudengeschrei über diesen Glücksfall herausgerannt. Hastig sammelten sie die Heuschrecken, stopften sie sich gierig in den Mund und verschlangen sie mit allen Zeichen des Wohlbehagens. Eine halbe Stunde später waren in der Altstadt von Singapur ebensowenig Heuschrecken zu sehen wie in London oder Bonn.

Als in der Sendung der Augenblick kam, wo ich mich nicht mehr drücken konnte, atmete ich tief ein, nahm eine der als Dekoration dienenden Heuschrecken und steckte sie in den Mund. Es war nicht weiter erschütternd. Durch den Backprozeß hatte die Heuschrecke alle Konsistenz verloren, und es war, als würde ich auf ein Stückchen geröstetes Zelluloid beißen. Als der Regenwurmkuchen an die Reihe kam, schnitt ich mir eine Scheibe ab und kaute vergnügt; denn nur Pru und ich wußten, daß wir gemogelt und einen Teil der Torte regenwurmfrei gelassen hatten. Dieser Teil war mit Kastanienpüree verziert. Johnny Morris war nicht in das Geheimnis eingeweiht, und ich sah gebannt zu, wie er live vor der Kamera ebenfalls ein Stück Kuchen verzehrte. Als er sagte, es schmecke lecker, konnte ich nur zustimmen.

Die Massenmedien schienen Interesse an meiner Arbeit zu haben, denn ich wurde sowohl vom Fernsehen als auch vom Rundfunk häufig engagiert. Doch nur einmal war ich so töricht, mich auf ein Radio-Interview in einer Fremdsprache einzulassen. In Süddeutschland war in einem Tiergarten ein Delphin zur Welt gekommen. Ich fuhr hin, um Mutter und Kind zu untersuchen, und ich stellte fest, daß alles in Ordnung war. Während ich mich im Delphinarium aufhielt, rief ein deutscher Rundfunksender an und fragte, ob ich auf der Stelle ein Interview geben könnte. Wolfgang Schneider, der Direktor des Tierparks und ein guter Freund von mir, nahm den Anruf entgegen und erklärte, ich spreche fließend Deutsch. Das stimmte ganz und gar nicht, und ich widersprach laut, während Wolfgang weiter beteuerte, ich könne mühelos alle Fragen beantworten.

»Das kann ich wirklich nicht, Sie wissen es«, rief ich ihm zu.

Er legte die Hand auf die Muschel und sagte streng: »Doch, doch, Sie können es.«

»Aber ...«

Wolfgang sprach schon wieder mit dem Radiomann. »Also abgemacht, Herr Vollmeyer. Doktor Taylor wird alle Fragen über das Delphinkind beantworten. Ich verbinde Sie.« Er streckte mir den Hörer entgegen, und mit bösem Gemurmel ergriff ich ihn.

Der Interviewer konnte vorzüglich Englisch. »Also, Herr Doktor«, erklärte er, »in fünf Minuten beginnt die Sendung. Kurz vorher rufen wir sie an. Bitte bleiben Sie am Apparat. Das Gespräch wird nur ungefähr drei Minuten dauern.«

»Aber führen Sie bitte einen ganz einfachen Dialog. Mein Deutsch ist nicht ...«

»Natürlich, natürlich. Keine Sorge. Ich frage Sie bloß, wie es dem kleinen Delphin geht und Ähnliches. Nichts Tiefsinniges, nichts Kniffliges.«

Na, schön, dachte ich, als ich den Hörer auflegte und auf den Anruf wartete, vielleicht wird mein Deutsch doch genügen. Im Umgang mit den Zooleuten hatte es immer geklappt. Manchmal sprach ich zu Hause mit Hanne deutsch. Ich kannte Fachausdrücke wie Trächtigkeit, Gebärmutter, Nabelschnur und Nachgeburt.

Vielleicht würde alles so glatt verlaufen wie bei den Interviews im englischen Radio. Eine gewisse Übung hatte ich ja.

Das Telefon klingelte, und ich hob den Hörer ab. Ich vernahm Musik, die Melodie der »Flipper«-Filme, und dann sprach mein Interviewer die einführenden Worte. Ich verstand sie recht gut; er erklärte, daß ich mich im Zoo befinde, und dann ging es los.

»Guten Tag, Herr Doktor.«

»Guten Tag.« Ich fand, daß ich meine Sache bis jetzt gut gemacht hatte.

Er fragte: »Wie geht es dem Kleinen und seiner Mutter im Delphinarium?«

Das war kinderleicht. »Oh, sehr gut. Die Mutter geht gut, und das Junge ist gut. Die Mutter hat viel Milch.«

Glänzend, David Taylor, dachte ich.

Die zweite Frage kam: »Erwarten Sie irgendwelche Schwierigkeiten, Herr Doktor?«

»Wie bitte?« Ich hatte nicht die leiseste Ahnung, was er gefragt hatte.

»Erwarten Sie irgendwelche Schwierigkeiten, Herr Doktor?«

Es war schrecklich. Da stand ich mit dem Hörer in der Hand, ganz allein, während vielleicht Hunderttausende von Hannes Landsleuten auf meine Antwort warteten, und ich hatte kein Stichwort. »Die Mutter geht gut, und das Kind geht gut«, sagte ich schließlich noch einmal.

Leicht betreten, aber geistesgegenwärtig brachte der Radiomann die zweite Frage vor: »Herr Doktor, warum ist das Züchten von Delphinen in der Gefangenschaft so selten?«

Wieder war es ihm gelungen. Ich hatte keine Ahnung, was er mich gefragt hatte. Nur die Wörter »Delphin« und »Gefangenschaft« hatte ich verstanden. Der Schweiß brach mir aus. »Die Mutter geht gut, und das Kind geht gut«, würgte ich verzweifelt hervor. Jedenfalls erfuhr das deutsche Volk, daß es um die beiden gut stand.

Im stillen verfluchte ich Wolfgang Schneider. Wenn ich nach diesem Telefongespräch noch lebe, werde ich nie mehr ein Wort in dieser verflixten Sprache sprechen, dachte ich. Doch schon meldete sich der unermüdliche Inquisitor wieder. Mein Gott, hatte er noch nicht gemerkt, daß er es mit einem idiotischen Ausländer zu tun hatte? Diesmal mußte ich den Sinn erfassen. Hoffentlich war es eine einfache Frage.

»Und die Nahrungsaufnahme, Herr Doktor?«

Zum Donnerwetter, hielt er das für ein einfaches Wort? Nahrungsaufnahme – was zum Teufel war das? Ich setzte meine Litanei fort: »Die Mutter geht gut. Das Kind geht gut. Die Mutter hat viel Milch.«

Das genügte. Der Interviewer begriff und machte rasch Schluß. »Vielen Dank und auf Wiederhören, Herr Doktor Taylor.« Es knackte, und die Verbindung war abgebrochen.

»Wie ist es gegangen?« erkundigte sich Wolfgang Schneider, nachdem ich aufgelegt hatte.

»Wenn Sie die Ohren spitzen«, antwortete ich, »können Sie hören, wie sich Johann Wolfgang von Goethe im Grabe herumdreht.«

Nie wieder beging ich denselben Fehler. Als ich einige Jahre später im Marineland Côte d'Azur in der Nähe von Nizza im Französischen Fernsehen auftrat, übersetzte der englische Direktor Mike Riddell meine Worte der Weisheit. Ich stand in hohen Gummistiefeln im Wasser unter den massigen Elefantenrobben und untersuchte sie vor der Kamera. Ich sollte meine Arzttasche einem der mächtigen Bullen geben, der darauf dressiert war, sie zwischen seine Flossen zu nehmen. Dann sollte ich nahe an ihn herangehen und mit dem Stethoskop seine Brust abhorchen.

So war es geplant; aber statt dessen warf der Bulle meine Tasche weg, umarmte mich mit seinen großen Flossen und drückte mich eng an sich. Ich erstickte fast, die Hörstücke des Stethoskops bohrten sich schmerzhaft in meine Ohren, und Wasser floß in meine Gummistiefel. »Um Gottes willen, jemand muß ihn wegholen!« stieß ich hervor.

Mike fuhr zugunsten der Entente cordiale mit dem Übersetzen fort, während die Kamera weitersurrte: »Du meine Güte, in seiner Brust rasselt es.«

»Macht einen Schnitt!« schrie ich. »Er bepinkelt mich!«

»So ein schöner Kerl. Ich behandle Elefantenrobben besonders gern«, sagte Mike auf französisch. »Wie lustig haben wir es heute.«

Endlich hatte der Bulle die Umarmung satt und öffnete die Flossen. Er senkte den dicken Kopf und stieß mich freundschaftlich in den Bauch, so daß ich rückwärts ins Wasser fiel. Ich war beinahe wieder auf den Füßen, als ich zu der hohen Stufe kam, die das seichte Wasser vom tiefen trennt. Mit fuchtelnden Armen und kreiselndem Stethoskopschlauch sank ich, die Kamera vor Augen, langsam in die Tiefe. Als ich tropfnaß auftauchte, fluchte ich hemmungslos und beklagte mich bitterlich.

»Und so etwas kann in meinem Beruf nun einmal geschehen. Ich habe viele Jahre gebraucht, meine Untersuchungstechnik zu vervollkommnen«, schloß Mike mit Pokergesicht die Übersetzung meines wissenschaftlichen Kommentars.

»Ich muß dir wirklich besseres Französisch beibringen, David«, bemerkte er später, nachdem ich geduscht und mich umgezogen hatte.

»Verfluchte Ausländer«, brummte ich. »Mach lieber eine Flasche Dom Perignon auf. Ich fühle eine Grippe kommen.«

Die Beliebtheit, deren sich Tiersendungen erfreuen, hat mir interessante und erfreuliche Arbeit beschert, aber das Auftreten von Tieren im Film bringt immer wieder neue Probleme. Andrew Greenwood und ich werden oft als Berater beigezogen, und so haben wir schon manche Schwierigkeiten erlebt. Drehbuchautoren, Regisseure und Produzenten verlangen von den Tierdarstellern mitunter unmögliche Dinge. Anscheinend meinen sie, ein Honorar von fünf bis zehn Pfund für die Person, die eine Katze oder eine Ente für einen Spielfilm oder eine dokumentarische Sendung zur Verfügung stellt, ermächtigen sie, mit dem Tier nach Belieben umzugehen. Im Laufe der Jahre mußte ich die übereifrigen Leute, die beim Fernsehen die Abteilung Wissenschaft und Bildung leiten, davon abhalten, auf dem Bildschirm vorzuführen, daß man einer Stockente nur mit einem Reinigungsmittel das Fett aus dem Gefieder zu waschen braucht, damit sie vollgesogen mit Wasser untergeht, oder zweihundert weiße Mäuse auf ahnungslos herumsitzende Damen loszulassen, um wirklichkeitsgetreu zu zeigen, was menschliche Panik ist. Peter Grayson, einem ehemaligen Direktor des Zoos Bellevue, wurde der Vertrag mit einer Fernsehgesellschaft gekündigt, weil er nicht zulassen wollte, daß ein freundlicher Spaniel, den er für einen Film zur Verfügung gestellt hatte, einen realistischen Fußtritt erhielt, als das Drehbuch von einem Darsteller verlangte, die Selbstbeherrschung zu verlieren.

Ich möchte betonen, daß derartige Dummheiten in britischen Fernseh-Studios nicht etwa gang und gäbe sind. Zum Beispiel werden bei einem Programm wie »Animal Magic«, in dem sowohl freilebende als auch gezähmte Tiere auftreten, die nichtmenschlichen Darsteller mit ausgesuchter Freundlichkeit und Rücksicht behandelt. Der Produzent überläßt den Tieren das letzte Wort: Wenn die Tiere bocken oder aufgeregt sind, werden sie weder gezwungen noch mit einem Beruhigungsmittel gefügig gemacht. Wenn sich Unerwartetes ereignet, na, wenn schon; der Präsentator Johnny Morris, ein Tierfreund durch und durch, vermag die meisten Vorfälle gutgelaunt zu überspielen.

Innerhalb der Tierärzteschaft ist es vor nicht langer Zeit zu Diskussionen über die Frage gekommen, was bei der Benutzung von Tieren im Film statthaft ist und was nicht. So wurde zur Verteidigung der erfolgreichen BBC-Serie »All Creatures Great and Small« behauptet, alle Tiere, die im Film narkotisiert würden, hätten diese Prozedur sowieso zu erleiden, weil sie ärztlich behandelt werden mußten.

Ob das nun wahr ist oder nicht, ich persönlich finde, daß es weder unmenschlich noch illegal ist, wenn man ein Tier, um einen Dokumentar- oder Spielfilm zu realisieren, beruhigt oder vorübergehend betäubt. Als das Yorkshire-Fernsehen in der Serie »Don't Ask Me« die Geburt von Schweinchen live zeigen wollte, besorgte Andrew dem Studio eine hochträchtige Sau, deren Nachwuchs ziemlich genau zur festgesetzten Stunde erwartet wurde. Nur für den Fall, daß sie vorzeitig warf, hatte er noch zwei weitere Säue auf ihrem Hof in der Nähe von Leeds bereitstehen. Eine halbe Stunde vor Beginn der Ausstrahlung gab er der Sau eine Injektion eines neuen Prostaglandinemittels, und siehe da, als die Kameraleute zu drehen anfingen, kamen acht kräftige Ferkelchen zur Welt, ohne daß ihnen oder der Mutter der geringste Schaden zugefügt worden war.

Ich selbst bekam bei einigen Szenen des Films »The Omen« im Safari-Park Windsor zu tun: Drei Tiergruppen sollten gezeigt werden, die auf den teuflischen Damian heftig reagierten. Es waren Giraffen, Paviane und Löwen. (Die Löwenszenen wurden allerdings später herausgeschnitten.) Die Giraffenszene war leicht. Damian näherte sich den Tieren, die zu einer bestimmten Stelle gelockt worden waren, wo sie saftiges Steineichengrün vorfanden. Als das Signal für den Augenblick gegeben wurde, in dem die Giraffen den Teufel in Kindergestalt plötzlich »wiedererkennen« sollten, schwenkte ich über dem Kopf des Kameramannes ungestüm ein großes buntes Tuch. Die Giraffen machten wie aufs Stichwort kehrt und stoben davon.

Die Löwenszene, in der die Löwen das Auto angreifen, das Damians Mutter, dargestellt von Lee Remick, durch einen Safaripark fährt, machte auch keine Schwierigkeiten. Damals hatte der Safaripark einige autoverrückte Löwinnen, die nicht erst überredet werden mußten, auf einen Wagen loszupreschen. Ein paar hatten die Gewohnheit – in Safariparks nicht selten –, verspielt nach den Reifen eines dahinrollenden Autos zu schnappen, sie mit ihren Reißzähnen sauber zu punktieren und den ganzen Reifen abzureißen, bevor der verblüffte Fahrer nur fluchen konnte. Üblicherweise wurden die Reifenbeißer in den Safariparks beim ersten Anzeichen dieser Gewohnheit »fristlos entlassen«, in Windsor hingegen hatte man es zuerst mit Abschreckungstherapie versucht. Die angreifenden Löwen erhielten einen leichten elektrischen Schlag durch eine Batterie. Das hatte nichts genutzt; die Michelin-besessenen Löwen rannten weiter hinter den Wagen her, darauf erpicht, einen Punkt zu ihren Gunsten zu verbuchen. Mit der Zeit lernten sie auch, die elektrischen Schläge zu umgehen.

Für »The Omen« wurden nun Fleischstücke auf das Verdeck von Lee Remicks Wagen gelegt, ein doppelter Anreiz für Großkatzen, ihre Rolle als Schicksalsauguren zu spielen.

Paviane haben an Automobilen zwar ebenso große Freude wie Löwen, sind aber miserable Schauspieler. Aus den Reifen machen sie sich nichts und verzichten darauf, sie zu sammeln. Autos bedeuten für sie Freifahrten, Spielzeugvehikel, Behälter größerer Affen, die törichterweise das Fenster hinunterkurbeln und dadurch beraubt werden können. Und ganz besonders angetan haben es ihnen entfernbare Gegenstände, als da sind Scheibenwischer, Seitenspiegel, Radio-Antennen und dergleichen, die man als Trophäen davonschleppen oder für kurze Spiele im Sonnenschein verwenden kann. Kurz, Autos bereiten großen Spaß. Paviane lieben sie und nähern sich ihnen freundschaftlich – wie also soll man sie dazu bringen, eine Limousine anzugreifen, in der ein Teufel in Kindergestalt sitzt? Wir gedachten das Problem auf folgende Weise zu lösen: Wir benebelten ein reizvolles junges Pavianweibchen und plazierten es, für die Kamera nicht sichtbar, am Heckfenster. Die Reaktion der Pavianherde war erstaunlich. In der Annahme, eine ihrer jungen Damen werde entführt, stürmten sie allesamt das Gefährt und machten ihrer Wut ungeschminkt Luft. Brüllend bleckten sie die Zähne, kratzten an den Fenstern und vollführten genau das Schauspiel, das der Regisseur wünschte. Bei den Proben ergaben sich jedoch zwei Schwierigkeiten. Erstens konnte Lee Remick den nichtautomatischen Wagen nicht fahren, und ihre Bemühungen, einen Gang einzulegen, führten dazu, daß das Getriebe des funkelnagelneuen Fords in die Brüche ging. Zweitens weigerte sie sich, in einem Auto zu sitzen, das durchdringend nach Paviankot roch. Die Szene wurde schließlich mit Gary Smart gedreht, dem jungen Kurator des Safari-Parks, der Lee Remicks Jacke und eine aschblonde Perücke trug, während ich ungesehen auf dem Hintersitz kauerte und das schlafende Pavianweibchen ans Fenster hielt.

Als die Twentieth-Century Fox beschloß, in Island den Film »Quest for Fire« (»Am Anfang war das Feuer«) zu drehen, wurden wir beigezogen, weil sich dabei etliche Tierprobleme ergaben. Elefanten, die verschiedenen Zirkussen gehören, mußten in Mammute verwandelt werden. Um ihnen ein echtes Aussehen zu verleihen, wurden sie mit struppigen Fellen, riesigen Stoßzähnen und falschen Augen maskiert. Aus Löwen mußten ihre entfernten Verwandten gemacht werden, nämlich Säbelzahntiger, was geschah, indem man ihnen Säbelzähne an die eigenen Reißzähne heftete. Für mich war es kein Problem, die Löwen zu betäuben, hingegen hatte ich Bedenken, ihnen harte Kronen aus Plastik aufzusetzen, wie es der Regisseur vorschlug. Die extreme Länge der »Säbel« mußte, wenn sie an den ohnehin langen Reißzähnen mit Zement befestigt wurden, eine Hebelwirkung ausüben, so daß die Gefahr bestand, daß die echten Zähne zerdrückt wurden. Jimmy Chipperfield, der eine Zirkusdirektor und ich bestanden darauf, die falschen Zähne aus Gummi herzustellen, und da der Produzent uns beistimmte, machten wir uns an die Arbeit. Wir nahmen die Abdrücke und benutzten genau dieselbe Technik und dasselbe Material wie ein Zahnarzt, der einem Patienten zwei neue Eckzähne einsetzt. Das Einsetzen der echt wirkenden »Säbel« war dann ein Kinderspiel. Ich brauchte keinen Tropfen eines Beruhigungs- oder Betäubungsmittels anzuwenden. Chipperdields Raubtierdompteur stand mit seinen Großkatzen auf so gutem Fuße, daß er das Maul eines Löwen lange genug offen halten konnte, um die künstlichen Zähne zu plazieren. Nachdem die Löwen mit den eindrucksvollen Waffen ihrer Vorfahren ausgestattet waren, schienen sie gar nichts davon zu merken und dösten friedlich vor sich hin. Ich kann mir kaum eine Hauskatze vorstellen, die sich solche Theaterzähne ebenso geduldig würde verpassen lassen.

Glücklicherweise behandelt Hollywood die Filmtiere heute

nicht mehr so rücksichtslos wie früher. Die Pferde werden nicht mehr durch Stolperdraht zu Fall gebracht, was oft schlimme und sogar tödliche Folgen hatte. Heute benutzt man eigens dressierte Pferde, wenn derartige Aufnahmen notwendig sind. Aber mit »wertloseren« Geschöpfen wird von Regisseuren, die dramatische Wirklichkeit erstreben, immer noch erbarmungslos Mißbrauch getrieben. Klapperschlangen, einer ökologisch wertvollen, verfolgten und mißverstandenen Grubenotterngruppe, wird vor der Kamera der Kopf zerschossen, und unzählige Ratten und Fledermäuse mußten für Horrorfilme ihr Leben lassen. Auch die Enthauptung des Wasserbüffels im Film »Apocalypse Now« ist ein schreckliches Beispiel für ungesunden Nervenkitzel in künstlerischem Gewand und kaltblütigen Mord an Tieren um voller Kinokassen willen.

Dr. Marty Dinnes hat jahrelang in den großen Studios von Hollywood die Interessen der Tiere vertreten und abgesehen davon, daß er die Drehbuchautoren und Regisseure davon abgehalten hat, in bezug auf Tiere ihrer ausschweifenden Phantasie zu frönen, hat er der tierärztlichen Seite des Filmgeschäfts einen großen Dienst geleistet. Von Marty Dinnes lernte ich die Kunst, Tiere der Wildnis und Haustiere zu färben, etwa einem Eisbären einen Blauton zu geben und aus einem kastanienbraunen Gaul eine glänzende »Black Beauty« zu machen. Er fand ein Färbemittel, das keinerlei Hautreizung hervorruft und das zudem wasserfest ist. Doch ganz einfach ist die Sache manchmal trotzdem nicht.

Als eine britische Filmgesellschaft für einen in Marokko spielenden Film nicht weniger als zweihundert schwarze Kamele brauchte, mußte sie zu ihrem Schrecken feststellen, daß die gelieferten sogenannten »schwarzen« Kamele in Wirklichkeit braun und außerdem schwer zu behandeln waren. Marty und ich wurden beauftragt, eine große Herde gewöhnlicher Kamele in schwarze Tiere zu verwandeln. Das läßt sich nicht einfach machen, indem man die Tiere wie Schafwolle in Farbe taucht. Augen und Geschlechtsteile können durch die Chemikalien geschädigt werden, und auch beim Färben eines Volumens wie ein Kamel es darstellt, ergeben sich noch andere Probleme. Marty unterwies mich in der einzig möglichen Technik, die er schon bei Hunderten von Wölfen, Pferden und Großkatzen angewendet hatte. Das Verfahren ist das gleiche wie bei menschlichem Haar und erfordert das Färbemittel einer bekannten amerikanischen Kosmetikfirma sowie eine

Spülung mit Wasserstoffperoxyd. Wenn vier Männer dieses Verfahren anwenden, können sie vier Kamele im Tag färben und brauchen dabei pro Kamel Färbemittel im Wert von rund hundert Pfund!

Empfindliche Teile wie Augen, Nüstern und Genitalien werden von Anfang an durch Vaseline geschützt. Damit der Hodensack nicht zu sehr absticht, wird er mit Theaterschminke gefärbt. Diese Arbeit hatte ich zu übernehmen, denn keiner der Gehilfen war dazu zu bringen, zwischen die Beine eines wiederkäuenden, schwankenden Kamels zu greifen, das nicht gerade freundlich dreinblickte. Manchen Kamelbullen mußte ein Beruhigungsmittel gegeben werden, bevor sie zum Friseur gingen. Bei Pumas, die in schwarze Urwaldpanther verwandelt wurden, machten wir immer eine Vollnarkose, auch bei den grauen Wölfen, die in die schwarzen Biester des Grafen Dracula umgefärbt werden mußten.

Meine Arbeit für die Massenmedien hat keineswegs nur negative Seiten. Einmal erlebte ich bei Aufnahmen für »Animal Magic« im Zusammenhang mit Kolibris, diesen juwelenartigen Miniaturhubschraubern, ein Beispiel der Vogelfängerkunst. Die winzigen schillernden Kolibris wurden von Len Hill, dem berühmten Gründer der Volièren in Bourton-on-the-Water, ins Studio gebracht. Nachdem die Aufzeichnung beendet war, sollten die Vögelchen aus dem Käfig in ihre Transportkisten zurückversetzt werden. Dabei ging jemand mit einem dieser rekordbrechenden Geschöpfe – sie sind nicht nur die kleinsten Vögel, sondern zeichnen sich auch durch die schnellsten Flügelschläge aus und haben im Verhältnis zur Gewichtseinheit mehr körperliche Energie als jedes andere warmblütige Tier – ungeschickt um. Das kleine Ding entflatterte und setzte sich hoch oben unter der Decke irgendwohin. Wir blickten in das Gewirr von Galgen, Plattformen, Balken, Scheinwerfern, Kabeln und Gerüsten hinauf. Dort irgendwo in dem Stahlwerk saß das Vögelchen, das weniger wog als manche Schmetterlinge.

»Was sollen wir bloß tun?« fragte der besorgte Aufnahmeleiter. »Wird der Kolibri hier nicht verhungern?«

Ja, das würde er. Ganz abgesehen von dem Temperaturabfall nach der Ausschaltung der Scheinwerfer, gab es hier weder Nektar noch winzige Insekten, nichts von der Nahrung, die er oft und regelmäßig braucht, um sich am Leben zu erhalten.

»Ich fände es humaner«, sagte ich zu Len, »einen Mann zu beauftragen, hier Wache zu stehen und ihn mit einem Luftgewehr zu erschießen, als ihn verhungern zu lassen.«

»Ich will es mit Blumen versuchen«, entgegnete Len. »Wo bekomme ich welche?«

Der Requisiteur wurde auf Blumensuche geschickt und kehrte mit einer Rose und einigen Freesien aus der Cafeteria zurück. Len nahm eine einzige Freesie und hielt sie auf Armeslänge in die Höhe. Wir schauten und warteten stumm.

Plötzlich blitzte etwas Flaschengrünes auf, und Len bedeckte die Freesie mit der freien Hand wie ein Zauberkünstler, der mit einem Ei ein Kunststück vorführt. Als er mit zwei Fingern die Tür der Transportkiste öffnete, flog der kleine Kolibri mit einem Flügelwirbel zu seinen geduldig wartenden Artgenossen hinein. Alle im Studio brachen spontan in Applaus aus.

Len grinste und stieß mich an. »Laßt Blumen sprechen, was?« sagte er.

4

Wenn Sherlock Holmes, Conan Doyles großer Detektiv, in Manchester an der Hyde Road gewohnt hätte, statt in London an der Baker Street, hätte er seine Geige hingelegt, die Pfeife angezündet, den von der Motorradrennbahn aufsteigenden Nebel gedankenvoll betrachtet und schließlich gesagt: »Ich glaube, Watson, wir sollten diese Angelegenheit den ›Fall der italienischen Erdnußbutter‹ nennen.«

»Vortrefflich!« hätte der gute Doktor geantwortet. »Damit hat ja alles angefangen.«

In jedem Winter schlägt zur Weihnachtszeit ein Zirkus sein Zelt im Zoo Bellevue auf, früher manchmal auch im Sommer. So kam einmal in einem ungewöhnlich grauen und verregneten Juni eine Truppe fußballspielender Boxerhunde aus Italien. Sie sollten in einem bonbonfarbenen Zelt auftreten, das in der Nähe des Spielplatzes errichtet worden war. Der Besitzer, Signor Vamponi, reiste mit zwei Wagen, einem für sich und seine Frau sowie einem, der den Fußballspielern als Quartier diente.

Die Quarantäneregeln sind streng in Großbritannien und das mit gutem Grund: Tollwut, eine der schlimmsten Krankheiten, die sich der Mensch zuziehen kann, ist auf diesen Inseln seit 1902 nie mehr aufgetreten. Die Vamponis kamen vom Kontinent, wo das Virus in vielen Gebieten einen immer höheren Zoll fordert, und deshalb mußten ihre Hunde, wie es nun einmal üblich ist, in Quarantäne bleiben; aber das Ministerium für Landwirtschaft hatte den Vamponis innerhalb des Zooareals ein Gebäude und einen Platz für die Wohnwagen zugewiesen, die für die Dauer ihres Aufenthalts als Quarantänestation dienen sollten. Das Gelände wurde von Veterinären des Ministeriums inspiziert, und sie erließen strikte Regeln. Niemand außer dem Ehepaar Vamponi und dem Tierarzt des Zoos durfte diese Zone betreten. Die Boxer durften nur geradewegs in die Arena geführt werden, zu der sie durch einen Tunnel aus Zeltleinwand gelangten. Tagsüber, und auch um ihr Geschäft zu erledigen, durften die Hunde dieses Areal nicht verlassen.

Ich untersuchte die Hunde im Auftrag des Ministeriums jede

Woche. Nach meinem ersten Besuch luden mich Herr und Frau Vamponi in ihren unordentlichen Wohnwagen zu einer Tasse Kaffee und einem Gläschen Grappa ein. Sie waren ein groteskes Paar, er klein und mit einem schwarzen Groucho-Marx-Schnurrbart geschmückt, mit einer Leidenschaft für Schnupftabak, der seine Nasengegend braun verfärbt hatte, sie eine große Blondine, ein ehemaliges Mitglied des Bluebell-Balletts; bei einem schlimmen Autounfall hatte sie ein Auge verloren, und an seiner Stelle saß nun ein stahlblaues Glasauge. Der Eindruck, den dieses blinde, unbewegliche, glänzende Glasauge machte, wurde durch die Tatsache verstärkt, daß Signora Vamponis gesundes Auge braun wie Mahagoni war. Beide Vamponis sprachen vorzüglich englisch und tischten mir den neuesten Klatsch aus der Zirkuswelt auf: Ein Artist war kürzlich von einer Phyton erdrosselt worden, mit der er vor fünfhundert Zuschauern auftrat, und alle fanden seine Darbietung großartig, als er blau anlief und erschlaffte.

Die Boxer waren ein vergnügtes Rudel, ganz versessen auf ihren Fußball. Sie bildeten in der Manege zwei Mannschaften, die eine trug blaue Jacken, die andere rote. Jede Mannschaft war in ihrem eigenen Zwinger untergebracht. »Wegen der professionellen Rivalität«, erklärte Vamponi. »Sie wetteifern richtig und haben nicht nur in der Manege Mannschaftsgeist. Wenn es Streit unter ihnen gibt, dann immer zwischen Rot und Blau.«

Wie üblich, wenn im Bellevue ein Zirkus Gastrecht genoß, bezog er das Futter für seine Tiere vom Zoo, und zwar unter Aufsicht des ehrfurchtgebietenden Oberwärters Matt Kelly. Vamponi holte sich jeden Tag Büchsenfleisch und Hundekuchen. Matt lieferte ihm auch Fisch, Gemüse und etwas Obst für den kleinen Mops, der als Schiedsrichter amtete und an leichter Diabetes litt, die sich durch richtige Diät unter Kontrolle halten ließ.

Eines Morgens hielt ich mich im Zoo auf, um mich um ein junges Wallaby zu kümmern, dessen Achillessehne ich nach einem Unfall behandelt hatte. Das kleine Beuteltier genas nicht so gut, wie ich erwartet hatte, und ich überlegte, ob ich es nicht mit Krankennahrung und Erdnußbutter kräftigen könnte. Ich bat Matt um eine Dose Erdnußbutter, die stets für solche Fälle als Vorrat gehalten wurde.

Er schüttelte den Kopf. »Leider nichts mehr da«, knurrte er bedauernd. »Konnte ja nicht ahnen, daß Sie gerade heute danach fragen würden, Herr Doktor. Die Vamponis haben heute früh die beiden Dosen genommen, die ich noch hatte. Aber am Nachmittag ist der Nachschub da.«

Ich fragte Matt, ob er glaube, daß die Vamponis die Erdnußbutter vielleicht auf ihre Frühstücksbrote streichen. Wenn ja, dann verstießen sie gegen Regeln. Die Lebensmittelvorräte waren ausschließlich für die Tiere bestimmt. Freilich, die Berge von Bananen, Granatäpfeln, Melonen und Aprikosen, die Spargel- und Broccolibündel, die Netze voller Zwiebeln und Nüsse, die Platten mit Garnelen, Sprotten und Heringen auf Eis, alles von Matt persönlich auf dem Markt in aller Frühe ausgesucht, hätten in der Küche eines Grand-Hotels gar nicht schlecht ausgesehen. Aber ein Zoo muß täglich mehr verschiedene Geschmacksrichtungen und Gaumenfreuden berücksichtigen als jeder Küchenchef – Fleisch-, Pflanzen-, Insekten- und Obstfresser, Gourmands, die alles und jedes hinunterschlingen, und Gourmets, die so heikel sind wie der verwöhnteste Feinschmecker. Das Menü der Table d'hôte reicht von Hunderten von Brotlaiben für die Elefanten bis zu Tatar-Steak und Obstsalat aus gehackten Äpfeln, Birnen und Kirschen für die Leguane. Für die Strauße muß eine Speise aus Kohlköpfen und weißen Mäusen zubereitet werden, für die Affen Nüsse und Heuschrecken, für die Ameisenbären ebenfalls Tatar, doch in diesem Fall mit Ameisensäure gewürzt, denn sie verlangen natürlich ein Futter, das nach Ameisen schmeckt. Die Gefahr besteht, daß bei einem solchen Füllhorn von guten Dingen das eine oder andere in einem Menschenmagen landet statt in einem Tiermagen, wenn nicht aufgepaßt wird. Der Wärter, der zuerst nur ab und zu eine Weintraube nascht, kann leicht so weit entgleisen, daß er schlußendlich ganze Körbe voll Gemüse und eine Hammelkeule nach Hause abschleppt. In einem Zoo hat ein Wärter jede Woche so viel mitlaufen lassen, daß er die Vorratskammern aller seiner Freunde füllen konnte. Abgesehen vom finanziellen Verlust für den Zoo, gerät dabei die Gesundheit der Tiere in Gefahr: Unterernährung, sogar Todesfälle treten auf, während die Buchführung nachweisen kann, daß theoretisch genügend Lebensmittel eingekauft und verfüttert worden sind. Im Bellevue hatte Matt als Hauptwärter die Aufgabe, dafür zu sorgen, daß Diebe keine Chance hatten.

»Die Erdnußbutter könnte für Vamponis zuckerkranken Hund bestimmt sein«, meinte er.

Da das möglich war, beschlossen wir, kein Wort darüber zu verlieren.

Eine Woche später war ich wieder im Zoo, bedrückt, weil mein Wallaby an Herzversagen gestorben war, während ich die Fäden an seinem Bein entfernt hatte. Dann mußte ich mit Matt sprechen; es handelte sich um eine schwächliche Sitatunga-Antilope, die mit der Flasche aufgezogen werden mußte. Ich hatte die Mutter des neugeborenen Kalbs betäubt, um ihr ein paar Teelöffel voll des Kolostrums abzuzapfen, das das hübsche Kälbchen am ersten Lebenstag brauchte, um gegen Infektionen gefeit zu sein. Jetzt wollte ich ihm die Vormilch mit der Flasche eingeben; danach sollte es zuerst eine Proteinlösung und dann verdünnte Kuhmilch erhalten.

»Am besten benutzen wir eine normale Babyflasche«, sagte ich zu Matt, »aber eine aus quetschbarem Plastik. Das Kalb muß zum Saugen angeregt werden.«

Matt machte den Schrank auf, der unsere besonderen Fütterungsgeräte enthielt: Flaschen für frühgeborene Kinder, Magenschläuche, intravenöse Zufuhrapparate und Flaschen für Zwangsernährung. Wir hatten das Werkzeug, um einem Elefanten den Magen auszupumpen ebenso wie die Geräte, um einem schwirrenden Kolibri Nektar einzuflößen. Matt nahm die Schachtel heraus, die Babyflaschen aller Größen enthielt, von den winzigsten für Mäuschen bis zu gewaltigen Dingern für Flußpferdsäuglinge.

Als ich in die Schachtel schaute, stellte ich fest, daß unser Vorrat der von mir benötigten Größe erstaunlich gering war.

»Ich dachte, wir hätten viel mehr davon«, sagte ich.

Matt brummte etwas vor sich hin und verzog sein Koboldgesicht. »Na ja, Vamponi hat sich vorgestern ein paar für seine Hunde ausgeborgt, als die Geschäfte schon geschlossen hatten. Er sagte, er würde sie ersetzen. Ich werde ihm Beine machen.«

»Schon wieder Vamponi? Erst Erdnußbutter und jetzt Flaschen. Hat er sonst noch etwas für seine Hunde bezogen?«

»Bloß das übliche Fleisch und Hundekuchen. Etwas Milch. Ach ja, Obst und Gemüse für den zuckerkranken Mops.«

»Das mit dem Futter ist in Ordnung, auch die Diät für den diabetischen Hund. Aber ich kann nicht dulden, daß er sich unsere Flaschen holt. Stellen Sie sich einmal vor, wir hätten heute nacht ein verwaistes Junges. Wozu braucht er die Flaschen überhaupt?«

Matt kratzte sich den Schädel, der durch seine spärlichen Haare schimmerte. »Kann's wirklich nicht sagen. Er erklärte, einer seiner Hunde bekäme immer noch die Flasche. Ich wäre gern hingegangen, um mir das anzusehen, aber Sie wissen ja – die Quarantänebestimmungen.«

»Unsinn! Alle seine Hunde sind ausgewachsen. Ich werde morgen bei meiner Inspektion die Sache zur Sprache bringen.«

Am folgenden Tag war ich schon früh im Zoo, um mir Exkrementproben des Sitatunga-Kälbchens zu holen, und dann begab ich mich schnurstracks zur Ausgabestelle der Nahrungsmittel, um Nahrung für meinen Patienten zuzubereiten. Beim Eintreten prallte ich beinahe mit Vamponi zusammen, der eine große Schachtel voller Bananen, Äpfel, Lauch und Mohrrüben trug.

»Oh, scusi«, entschuldigte er sich lächelnd, als ich beiseite trat, um ihn vorbeizulassen.

Schnell schritt er weiter.

»Eine ganz schöne Fracht Obst für Ihre Fußballer!« rief ich ihm nach.

Er sagte etwas, das ich nicht verstand, und setzte seinen Weg fort. Ellie May, eine der Elefantenkühe, bediente sich geschickt mit einem Bananenbündel, als er an ihrem Gehege vorbeikam.

Matt hatte seinen freien Tag. Im Vorratsraum traf ich seinen Assistenten Len an. »Was macht Vamponi mit all dem Obst und Gemüse?« fragte ich. »Die Menge würde ja für mehrere Vegetarierfamilien reichen.«

»Er sagte, das sei für seine Tiere und berief sich auf seinen Vertrag.«

»Ein diabetischer Mops braucht doch nicht so viel! Ich glaube, unsere italienischen Freunde tun sich selbst daran gütlich.«

»Schon möglich, Herr Doktor. Aber was kann ich dagegen tun? Ich darf die Lebensmittel nicht hinbringen, überhaupt niemand. Wenn er sagt, er brauche das, wie kann ausgerechnet ich da widersprechen?« Nachdem die kleine Sitatunga-Antilope ihre Nahrung erhalten hatte, ging ich zur Quarantänezone hinüber. Ich klopfte an die Tür des Wohnwagens, und Frau Vamponi machte mir auf.

»Prego, Dottore«, sagte sie mit blitzendem Lächeln, »treten Sie ein, Sie kommen gerade zur richtigen Zeit für einen Espresso.«

Vamponi stand in der kleinen Küchennische. Er betätigte sich an der Kaffeemaschine und hieß mich fröhlich willkommen. Der Wohnwagen war chaotisch vollgestopft, über dem ganzen Wirrwarr herrschten Heiligenstatuetten und Bilder von Zirkushelden. Allenthalben lagen Kleidungsstücke herum. Auf Tischen und Fensterbrettern stand schmutziges Geschirr. Der Boden war bestreut mit Mohrrübenstückchen und Obstschalen, in denen der Mops herumschnupperte. »Bitte entschuldigen Sie die Unordnung«, sagte Frau Vamponi und fegte schmutzige Handtücher von einem Stuhl. »Setzen Sie sich doch, Alberto tut, was er kann, mit dem schrecklichen chlorhaltigen Wasser von Manchester.«

Die Luft war stickig und geschwängert von Hunde-, Kaffee- und Butangasgeruch.

»Sie werden die Boxer bei bester Gesundheit finden, Herr Doktor«, sagte Vamponi, als wir am Tisch saßen und sein aromatisches Mokkagebräu tranken.

»Behalten Sie die Hunde auch immer drinnen? Keine Spaziergänge im Zoo, wenn's dunkel ist?«

»Aber nein, Herr Doktor, natürlich nicht. Wir wissen doch Bescheid.«

»Und wie geht es dem kleinen Mops mit seinem Diabetes?«

»Ach, immer das gleiche. Wenn er den Boxern keinen Hundekuchen stiehlt und Laura ihm nicht ein Stückchen Schokolade zusteckt, hat er keinen Zucker im Urin. Aber wir haben das Insulin immer bei uns, falls er es wieder nötig hat.«

»Sie halten ihn also nur mit knapper Kohlenhydratzufuhr im Gleichgewicht?«

»Mehr oder weniger, Herr Doktor.«

»Matt Kelly sagte mir, daß Sie sich Gemüse und Obst für ihn holen.«

»Ja.« Das lächelnde Gesicht des Italieners wurde auf einmal maskenhaft. Seine Frau starrte zum Fenster hinaus und spielte nervös mit einem Anhänger auf ihrer Brust. Beide waren plötzlich verkrampft.

»Er frißt offenbar sehr viel«, fuhr ich fort. »Mögen die anderen Hunde auch Obst?«

»Si, si. Wissen Sie, Herr Doktor, jeden Tag ein wenig Gemüse und Obst, das ist gut für einen Hund. Da bekommt er viel Vitamine und auch Ballaststoffe für die Verdauung.«

Das ist wahr, und es gibt sogar etliche Spinner, die dafür sind, Hunde und Katzen rein vegetarisch zu ernähren. Diese Leute finden es nicht leicht, Katzen zu fleischloser Diät zu bekehren, behaupten aber, man könne sie vielleicht mit kleinen Gurken-, Melonen- und Obstkuchenbissen auf den allein richtigen Weg locken.

»Demnach lieben Ihre Fußballer Bananen und Lauch?« forschte ich weiter.

»Sehr, Herr Doktor.«

»Gekocht oder roh?« Ich wußte, daß er vom Zoo Büchsenfleisch bezog, und in dem Wohnwagen roch es nicht nach gekochtem Gemüse. Rohe Bananen mochten einem Hund annehmbar erscheinen, aber roher Lauch?

»Ja«, sagte Vamponi. Es war ihm sichtlich unbehaglich zumute, mit dem Kaffeelöffel trommelte er erregt auf sein Knie.

»Roh?«

»Si, die Bananen.«

»Und den Lauch?«

»Ja ... das heißt, nein ... der Lauch wird gekocht.«

»Sie kochen ihn und mischen ihn mit dem Büchsenfleisch?«

»Nein ... ja! Si, wir kochen ihn, nicht wahr, Laura?« Er wandte sich an seine Frau und ließ einen Redeschwall in schnellem Italienisch vom Stapel. Sie drehte sich um und sah mich eisig an; ihr blaues Glasauge war wie ein Laserstrahl.

»Ja, Herr Doktor, den Lauch kochen wir, wie Alberto sagt. Er wird gekocht und dann mit Fleisch, Hundekuchen und frischem Obst gemischt. Gesund, nicht?«

Ich nahm einen neuen Faden auf. »Kelly sagt, einer Ihrer Hunde bekomme immer noch die Flasche, aber keiner von ihnen ist weniger als zwei Jahre alt. Waren Sie vielleicht etwas sehr großzügig mit Ihrem Grappa?«

Laura Vamponi stieß ein freudloses Lachen aus schmalem Munde aus. »Madonna, der Mann ist verrückt. Ich borgte mir neulich zwei Flaschen von ihm aus für meine Freundin Rosa. Sie kam mich besuchen und brachte ihr jüngstes Kind mit. Rosa war früher Seiltänzerin, sie gehörte zu den Carvellos, aber sie hat dann einen Clown vom Tower-Zirkus geheiratet und lebt jetzt in Blackpool.«

Ich brachte die Rede auf Belangloses. Langsam, vorsichtig entspannte sich das Ehepaar. Sie hatten sich also Lebensmittel und ein paar billige Flaschen erschwindelt. Ich konnte verstehen, daß sie sich herauszureden suchten. Aber ihr Verhalten verwirrte mich; ich spürte, daß mehr dahinter stecken mußte als Besitzgier.

»Kommen Sie, Herr Doktor«, sagte Vamponi schließlich. »Gehen wir zu den Hunden, damit Sie Ihren Bericht schreiben können.«

Die Boxer waren in der Tat bei bester Gesundheit. Kein Anzeichen von Schwäche oder Überempfindlichkeit, die erste Indikation, daß das Tollwutvirus in den Gehirnzellen sein Unwesen treibt. Während ich die Runde in den Zwingern machte, bat ich Vamponi, mir seine Kopie der Importerlaubnis zu bringen. Sobald er gegangen war, kramte ich eine Banane und einen halben Apfel aus meiner Tasche. Schnell zerschnitt ich die Früchte und steckte Stücke durch das Drahtgeflecht den Hunden zu. Jeder schnüffelte an dem Angebot und wandte sich dann gleichgültig ab. Kein Stückchen wurde auch nur beleckt, geschweige denn gefressen. Ich konnte mir nicht vorstellen, daß sie Lauchgemüse anders behandelt hätten.

Später sprach ich nochmals mit Len. »Geben Sie den Vamponis kein Obst und Gemüse mehr. Sie schnorren auf Kosten des Zoos. Wenn sie Obst essen wollen, sollen sie es sich kaufen.«

In den folgenden Tagen wurde von den Vamponis kein Gemüse und Obst mehr verlangt, aber ich sollte bald wieder von ihnen hören. Ich fuhr gerade zum Welsh-Mountain-Zoo an der Colwyn-Bucht, als ich über Funk gebeten wurde, den Apotheker Boots in Manchester anzurufen. Ich hielt bei der nächsten Telefonkabine und rief dort an.

»Herr Doktor Taylor? Bei mir war ein italienisches Ehepaar, das ein Antibiotikum verlangte, Chloramphenicol, um genau zu sein. Ohne Rezept. Sie sagten, sie gehörten zu dem Zirkus im Zoo, und einer ihrer Hunde sei erkrankt. Ich erklärte ihnen, ich müßte ein Rezept oder einen telefonischen Notruf von einem Tierarzt haben. Sie regten sich sehr auf, weil ich ihnen das Mittel nicht geben wollte und sagten, es sei sehr dringend. So rief ich den Zoo an, und dort sagte man mir, wo ich Sie finden könne. Wollen Sie das Rezept bestätigen?«

»Nein«, entgegnete ich gereizt. »Ich weiß nichts von einem kranken Hund. Überhaupt sind alle in Quarantäne. Jede Erkrankung muß gemeldet werden, und das ist nicht geschehen. Ich werde mich mit der Sache befassen.«

Ich dankte dem Apotheker und setzte die Reise zu dem hübsch gelegenen Zoo fort, wo zwei niedliche Przewalski-Pferde ihre regelmäßige Hufpediküre unter Anästesie erwarteten. Danach wollte ich im Bellevue nachforschen, wozu die Vamponis Chloramphenicol brauchten.

Italien gehört zu den Ländern, wo man alles, Heroin vielleicht ausgenommen, ohne Rezept in der Apotheke kaufen kann. Ein Bekannter von mir, ein Hypochonder, der in Rom lebt, holt sich jedesmal, wenn er einen Schnupfen nahen fühlt, ein gefährliches Sammelsurium von Antibiotika, darunter so gegensätzliche wie Chloramphenicol, Corticosteroide, Vitamine, Antihistamine und Analgetika, die alle in einer bereits gefüllten Spritze enthalten sind und in jeder Apotheke ohne ärztliches Rezept bezogen werden können. Das ist natürlich heller Wahnsinn. Es leuchtete mir ein, daß die Vamponis annahmen, in Großbritannien sei die Drogenkontrolle ebenso freizügig. Dem ist aber keineswegs so. Es werden ohnehin übergenug starke Antibiotika von den Ärzten verordnet, ohne daß die Laien zum Gebrauch ermuntert werden müßten.

»Die Italiener waren wieder auf einen Fang aus«, sagte Matt, als ich bei ihm vorstellig wurde. Er war dabei, die wöchentliche Ernte an abgefallenen Pfauenfedern zu bündeln, die seine Wärter vom Boden einzusammeln pflegten. Die langen Federn mit den glühenden Augen wurden den Blumenhändlern für ein Pfund das Stück verkauft.

»Was wollten sie denn diesmal – Medikamente?« fragte ich.

Matt sah mich verblüfft an. »Wie kommen Sie darauf? Es stimmt. Sie wollten Mittel gegen Diarrhöe. Ich sagte, sie müßten zuerst mit Ihnen sprechen.«

Ich holte mir in der Apotheke einige Musterfläschchen und ging zur Quarantänezone. Die rote Mannschaft rannte gerade frei im Gebäude herum, während die eingesperrten Blauen wütend bellten. Signor Vamponi hatte eine Pfeife im Mund und trainierte die Roten in der Kunst, mit allen vieren vom Boden abzuspringen, auf den glänzenden weißen Ball zu. Seine Frau saß auf dem Treppchen des Wohnwagens und paßte dem Mops ein neues rot-weißgestreiftes Gewand an.

»Guten Tag, Herr Doktor. Bringen Sie uns die Medizin?« Alberto schnupfte vom Rücken seiner geballten Hand, und eine Pyramide braunen Pulvers verschwand in seiner Nase.

»Ich komme, um mit Ihnen darüber zu sprechen, Herr Vamponi«, antwortete ich. »Warum haben Sie mich nicht angerufen, wenn einer Ihrer Hunde krank ist? Dazu sind Sie gesetzlich verpflichtet, wie Sie wissen.« Ein Boxer, der den Ball hitzig verfolgte, prallte von meinen Beinen ab, und ich geriet mitten in das Gewirbel der kläffenden Fußballspieler.

Vamponi hob beide Hände bis zur Höhe seines Clownschnurrbarts und streckte seine Handflächen flehend himmelwärts. »Aber, Herr Doktor, die Medizin ist nicht für die Mannschaft, sondern für Laura.« Dramatisch schwenkte er den Arm zu seiner Frau hinüber.

»Für Ihre Frau? In der Apotheke sprachen Sie von einem kranken Hund. Warum?«

»Maledetto sia!« fluchte er halblaut. »Wir wollten eine Medizin für Laura kaufen, ein Mittel gegen ihren Blasenkatarrh. Doch der Apotheker fragte, ob wir ein Rezept von einem Arzt hätten. Ich sagte nein, aber ich kenne Doktor Taylor vom Zoo Bellevue. Er würde mir ganz sicher ein Rezept für einen Hund geben, der Durchfall habe.«

»Es ist also keiner der Hunde krank? Keiner hat Durchfall?«

»Keiner.«

»Aber Ihre Frau hat Blasenkatarrh?« Sie machte mir einen durchaus gesunden Eindruck, doch das bedeutete nicht unbedingt, daß sie nicht tatsächlich an dieser Beschwerde litt, die bei Frauen häufig vorkommt.

»Si, si. Sie verstehen?«

»Warum sind Sie nicht zum Arzt gegangen? Das kostet in England nichts.«

Alberto runzelte die Stirn. Laura schaute mich finster an und schüttelte den Kopf.

»Unmöglich, Herr Doktor«, sagte er. »Keine Zeit. Zu viele Vorstellungen heute. Außerdem weiß sie, was sie braucht, was ihr hilft. In Italien nimmt sie immer Chloramphenicol oder Terramycin in flüssiger Form. Laura kann keine Tabletten schlucken.«

»Tut mir leid, Herr Vamponi, aber ich kann Ihnen nicht helfen. Sie müssen zu einem Arzt gehen, wenn Sie so etwas brauchen. Ich kann Ihnen Doktor Brown empfehlen, den Sportarzt, der sich immer der Artisten im Bellevue annimmt. Nun möchte ich Ihre Hunde inspizieren. Pfeifen Sie bitte Halbzeit und befördern sie die Fußballer in ihre Zwinger.«

Allmählich gingen mir die Italiener mit ihren Lügen und Halbwahrheiten auf die Nerven. Es fiel mir schwer, bei ihren märchenhaften Angelegenheiten zwischen Wahrheit und Unwahrheit zu unterscheiden. Mit ihrer Raffsucht, Verschlagenheit und Heuchelei schienen sie den Ehrenkodex des fahrenden Volkes überhaupt nicht zu kennen. Meiner Überzeugung nach beruhte ihr Verhalten nicht auf Dummheit. Immer mehr verstärkte sich mein Verdacht, daß die Vamponi-Truppe aus mehr Hunden bestand, als das Ministerium wußte. Ich zählte zuerst die Roten und dann die Blauen: Im ganzen waren es zwölf. Der Mops-Schiedsrichter war der dreizehnte. Alle waren da, offenbar in Hochform, von Diarrhöe keine Spur. Aber wieso machten sich die Vamponis die Mühe, weitere Hunde nicht zu deklarieren, die ja bei der Lizenz gar nicht ins Gewicht gefallen wären? Es sei denn, sie waren krank – das wäre des Rätsels Lösung gewesen und hätte auch die Erdnußbutterdiät sowie das Verlangen nach einem Medikament erklärt.

Das Gebäude, in dem die beiden Wagen standen, war nur ein Mauerwerk mit einem einzigen Fenster. Keine Möglichkeit, hier Hunde zu verstecken. Wenn ein eingeschmuggeltes Tier vorhanden war, mußte es in einem der Wagen sein. Der Wagen, in dem ich jetzt stand, enthielt nichts von der üblichen Einrichtung eines Wohnwagens, sondern nur auf jeder Seite sechs Hundezwinger, einen für jeden Boxer. Der Mops lebte mit den Vamponis, vielleicht weil ein Schiedsrichter immer unparteiisch sein muß. Die Hundezwinger waren einfache Konstruktionen aus Sperrholz und Draht. Ich sah mir ihre Ausmaße genau an, als ich einen Hund nach dem anderen untersuchte. Tierschmuggler benutzen gern einen doppelten Boden oder eine doppelte Rückwand. So hatte ich bereits einmal sechs Totenkopfäffchen hinter einem Käfig mit ebenso vielen Keilschwanzsittichen, ein andermal seltene Schlangen in einem Geheimabteil unter einem Käfig keckender Affen entdeckt. Eine Zeitlang war es fast eine Art Sport, wertvolle oder unter Einfuhrverbot stehende Kleintiere zwischen Brillenschlangen, Großkatzen oder Krokodilen zu verstecken, die weder vom Zöllner noch vom Veterinär des Landwirtschaftsministeriums allzu genau inspiziert werden mochten. Der einzige derartige Schmuggelfall, den ich gelten lasse, wurde von einem Tierinspektor verübt, der in einem Safaripark in Westdeutschland arbeitet. Er schmuggelte seine Frau aus Ostdeutschland heraus, indem er sie hinter bösartig wirkenden Elefanten versteckte, die jedesmal die Tür des Transportwagens mit dem Rüssel krachend zuschlugen, wenn die ostdeutschen Grenzwächter hineinschauen wollten. Man läßt es mit Vorteil auf nichts ankommen, wenn man vor mißlaunigen, aufgeregten Elefanten steht!

Leider sterben viele illegal eingeführte Tiere in ihrem engen Versteck, nicht immer an Luft- oder Wassermangel, sondern weil ihnen von gewissenlosen Händlern in Bangkok, Kinshasa oder

Asunción eine Überdosis an Beruhigungsmitteln eingegeben wird, damit sie sich beim Grenzübertritt still verhalten. War es möglich, daß die Vamponis an diesem häßlichen Spiel beteiligt waren? Womit – etwa mit Welpen? Vielleicht mit einem Fußballer, einem Hunde-Pele, einem Star, der schwer erkrankt war, und den sie nicht hatten zurücklassen wollen?

Offensichtlich konnte man in den Zwingern nichts Größeres als einen Floh versteckt halten. Jeder hatte dieselbe Größe und ringsum eine Schicht Sperrholz. Demnach mußte das Versteck im Wohnwagen sein. Der jetzt sehr verschlossene und bissige Vamponi hatte sicher nicht im Sinn, mich wieder zu Kaffee und Grappa einzuladen.

»Sie ziehen ja in zehn Tagen weiter«, sagte ich nach Beendigung meiner Arbeit. »Wir sollten die Exportpapiere beizeiten vorbereiten. Kann ich mich irgendwo zum Schreiben hinsetzen?«

»Si«, antwortete Vamponi mürrisch, »kommen Sie in meinen Wagen.«

Ich folgte ihm in den Wohnwagen und saß an einem Tisch, während er nach den Formularen kramte. Unter der Bank hätten zwei Hunde Platz gehabt, aber dort waren keine Luftlöcher, die für die nötige Luftzufuhr gesorgt hätten. Vielleicht war die Ventilationseinrichtung außerhalb des Wagens oder im Boden – ich nahm mir vor, die Sache bei Gelegenheit zu untersuchen.

»Darf ich Ihr Badezimmer benutzen?« Ohne seine Antwort abzuwarten, ging ich zu der schmalen Tür, die eine Kachel mit der Abbildung des Manneken-Pis schmückte. Ein Klosett, eine Dusche, eine Waschschüssel und eine winzige Waschmaschine waren in den kleinen Raum gepfercht. Es war schwierig genug, hier dem Ruf der Natur zu folgen, sich selbst oder Kleider zu waschen, daran, einen eingeschmuggelten Köter hier zu verstecken, war gar nicht zu denken. Ich wurde von Zweifeln beschlichen: Wenn überhaupt, dann kam nur die Bank oder das Schlafabteil in Frage. Ich ließ Wasser rauschen und kehrte in den Hauptraum zurück, wo ich mich schwer auf die Bank niederließ, so daß sie krachte. Unter mir entstand kein Krabbelgeräusch.

Während ich dann am Tisch die Formulare ausfüllte, schalt ich mich im stillen, Amateurdetektiv mit Vorstellungen von allgemeiner Schlechtigkeit, Schmuggelei und Geheimfächern zu spielen. Die Vamponis waren sicher nichts anderes als zwei Ausländer in einem fremden Land. Wenn es auch ein paar Mißverständnisse gegeben hatte, auch ein bißchen Schwindelei, so mußten sie deswegen doch nicht gleich Mafiosi sein. Zudem würden sie in einigen Tagen abreisen.

Zwei Tage später schämte ich mich wirklich und bereute meine Verdächtigungen. Man teilte mir mit, daß Frau Vamponi erkrankt und und ins Spital eingeliefert worden sei, um gründlich untersucht zu werden. Dennoch, sagte ich mir, es wäre nicht meine Sache gewesen, ihr gegen ihre Blasenbeschwerden Chloramphenicol zu verordnen; das mußte Dr. Brown überlassen bleiben. Doch als ich am Abend dieses Tages Literatur studierte, um Aufschluß über die Zusammensetzung der Sitatunga-Milch zu erhalten (das Kälbchen nahm nicht zu, und ich mußte seine Nahrung ändern), rief mich das Bakteriologische Institut der Universität an.

»Es handelt sich um Frau Laura Vamponi, die in der Klinik unter Beobachtung steht«, sagte der Anrufer, ein Bakteriologe. »Wir haben eine Kultur gemacht, und ich glaube, Sie können uns näher informieren.« Daran zweifelte ich, denn bisher hatte ich Cystitis nur bei Delphinen behandelt. »Wir haben Salmonellen gefunden.«

»Das überrascht mich«, antwortete ich. »Ich dachte, sie hätte Cystitis.«

»Cystitis? Deswegen ist sie nicht in der Klinik. Sie ist mit einer akuten Gastro-Enteritis eingeliefert worden. Vermutlich Lebensmittelvergiftung. Unsere Kultur hat eindeutig Salmonellen ergeben.«

»Womit kann ich Ihnen dienen?«

»Das Gesundheitsamt befaßt sich mit der Frage des Ursprungs. Wir untersuchten Salami und Mortadella, das heißt Würste, von denen sie kürzlich gegessen hat. Haben Sie in letzter Zeit einen Salmonellenfall im Zoo gehabt?«

»Ja. Es war ein Elefant. Salmonella-Typhi-murium, wahrscheinlich von Mäuse- oder Rattenexkrementen im Heu. Das Tier ging von einem Tag auf den andern ein, bevor Diarrhöe auftrat, und trotz einer starken Ampicillin-Injektion.«

»Gegenwärtig haben Sie keinen Fall?«

»Keinen, von dem ich wüßte. Die Sache mit dem Elefanten war vor zwei Jahren. Die Tierhäuser werden regelmäßig überprüft, weil wir immer Mäuse haben. Wir hängen Tampax-Tampons für eine oder zwei Wochen in die Kloaken und machen dann Kulturen. Nichts von Salmonellen in letzter Zeit.«

»Können Sie uns Proben von den Hunden besorgen, die in Quarantäne sind? Vielleicht ist einer von ihnen der Träger. Wir möchten unbedingt den Ursprung finden.«

»Gewiß doch. Gleich morgen früh.«

Als ich das Laboratorium 24 Stunden später anrief, wurde mir gesagt, sowohl alle Proben, die ich von den Hunden genommen hatte, als auch die Würste hätten sich als negativ erwiesen.

»Nicht die geringste Spur«, sagte der Bakteriologe. »Irgend etwas muß uns entgangen sein, aber wir haben keine Ahnung, was es ist. Frau Vamponi hat weder Fisch noch Eis gegessen, auch keine Fleischpastete oder etwas dergleichen. Das heißt, in der Woche, bevor sie krank wurde.« Am folgenden Tag erhielt ich den Bescheid, daß es sich im Fall Vamponi weder um Typhusbakterien noch um Gärtner-Salmonellen handelte, sondern um den Typ 01451227HB126, eine Art, die bisher noch nie in Europa aufgetreten war.

Ich war sprachlos. 01451227HB126 hauste damals auf Borneo und rief bei den Dorfbewohnern geradezu eine Epidemie von Darmerkrankungen hervor. Die Ärzte in der Klinik fragten Frau Vamponi, ob sie sich möglicherweise dort angesteckt hätte. Wie sich herausstellte, kannte sie nicht einmal den Namen der Insel und war nie weiter östlich als im Stiefelabsatz von Italien gewesen.

Oder schwindelten die Vamponis aus unerfindlichen Gründen von neuem? Alberto und Laura machten mir erneut zu schaffen.

Drei Tage vor ihrer Abreise hatte ich ihre Fußballer zum letzten Mal zu untersuchen. Laura war aus der Klinik entlassen worden und arbeitete wieder in ihrer Nummer.

»Ich werde ihnen keine Träne nachweinen«, sagte ich zu Matt, während wir zusahen, wie das kleine Sitatunga-Kalb ohne Hilfe verdünnte Kuhmilch aus einem Eimer trank.

»Ich auch nicht«, antwortete Matt. »Irgend etwas ist bei ihnen faul.« Er senkte die Stimme. »Wissen Sie, was ich glaube? Ich glaube, sie haben gegen die Quarantäneregeln verstoßen und irgendwelche Leute bei sich aufgenommen.«

»Wie kommen Sie denn darauf?«

»Mit Ihrer Theorie von den geschmuggelten Hunden hat es nicht geklappt, aber nehmen Sie einmal an, sie hätten einen illegalen Einwanderer bei sich versteckt!« Matts Augen funkelten vor Entdeckerfreude. »Charlie Entwisle, der Wächter, meint, er hätte ein Kind gesehen. Er spähte gestern abend auf seiner Runde durchs Fenster des Quarantänehauses und schwört, im Wohnwagen der Italiener ein Kind gesehen zu haben!«

Entwisle war ein stattlicher ehemaliger Soldat mit glänzendem rotem Gesicht und grobem hellem Stoppelhaar. Er hatte zwar eine laute, barsche Stimme, konnte aber nicht schnell genug laufen, um jemals einen der Burschen zu fangen, die über die Mauer kletterten oder hinter einem Lieferwagen durchs Tor flitzten.

Ich klopfte ans Fenster seines Wachthäuschens beim Haupttor.

»Guten Morgen, Herr Doktor«, sagte er mit seinem gedehnten Tonfall. »Ist wer krank?«

»Nein. Ich wollte nur fragen, ob es wahr ist, daß Sie gestern abend in der Quarantänezone ein Kind gesehen haben.«

Das rote Gesicht glänzte noch mehr. »Ganz ohne Zweifel, Herr Doktor. Ich sah es deutlich am Fenster des Wohnwagens. Ein sehr häßliches Kind mit rotem Haarschopf, aber blaß wie alle Leute vom Kontinent. Richtig ungesund. Na ja, bei der verrückten Ernährung – immer Spaghetti, Makkaroni und Knoblauch. Gräßlich!« Entwisle kannte sich in Italien aus, er war mit der Achten Armee dort gewesen.

Es lag mir auf der Zunge, mich nach der Uhrzeit zu erkundigen, doch da kam mir ein Gedankenblitz, leuchtend wie eine Magnesiumflamme. Die Lügen, die Lebensmittel, die Babyflaschen, das Kind, Frau Vamponis Erkrankung – alle Einzelheiten paßten auf einmal zusammen. Ganz benommen von dem, was ich für die einzig mögliche Erklärung hielt, bat ich Entwisle, mir den Telefonapparat zu geben.

Verwundert reichte er ihn mir durchs Fenster, worauf ich die Nummer des Ministerialveterinärs einstellte.

Als die Vamponis am Nachmittag vor einem gefüllten Zuschauerraum ihr Fußballspiel vorführten, befand ich mich mit dem Ministerialveterinär, einem Polizisten und einem hohen Zollbeamten im Quarantänegebäude. Der Zollbeamte machte sich mit einem stählernen Brecheisen an der Tür des Wohnwagens zu schaffen. Mit metallischem Klirren flog die Tür auf, und, angeführt vom Wachtmeister, gingen wir alle hinein. Mir war recht unbehaglich zumute, aber meine Vermutung war stärker denn je. Der Ministerialveterinär teilte sie und hatte den dramatischen Einbruch veranlaßt.

»Die Bank, meinen Sie, Herr Doktor?« sagte der Zollbeamte, nahm die Kissen weg und klappte den Deckel hoch. Im Hohlraum war Bettzeug untergebracht. Gekonnt entfernte er die Verschalung unter dem Fenster. Alle möglichen Dinge waren in den Hohlräumen verstaut, Bücher, Hausrat, sorgfältig verpacktes Geschirr, das ganze Hab und Gut, das fahrende Leute benötigen. Nichts ungewöhnliches. Enttäuscht sah ich zu, wie die Suche in der Schlafnische fortgesetzt wurde. Die Betten wurden durchwühlt, sogar die Matratzen herausgehoben.

Der Wachtmeister räusperte sich selbstbewußt und sagte: »Es scheint, daß wir wieder einmal überflüssigerweise aufgeboten worden sind.«

»Abwarten«, entgegnete der Zollbeamte, »ich habe erst angefangen.« Er ging in den Baderaum und stemmte mit dem Brecheisen den Boden der Dusche auf. Er kniete nieder, so daß sein Hinterteil durch die Tür ragte, und leuchtete mit einem Stab in das Loch. »Nichts außer Küchenschaben«, meldete er und erhob sich. »Wäre aber nicht das erstemal, wenn ich an dieser Stelle einen doppelten Boden gefunden hätte«, murmelte er.

Der Kühlschrank enthielt nur Butter, Eier und Mineralwasser. Danach untersuchte er die eingebauten Schränke, doch abgesehen davon, daß er ein kleines Geheimfach entdeckte, kam er zu keinem Ergebnis. Die genaue Untersuchung des Fußbodens führte ebenfalls zu nichts.

Der Zollbeamte machte nun ein ebenso düsteres Gesicht wie wir alle. Er bückte sich, machte die Herdtür auf und leuchtete hinein. Nichts. Wieder ergriff er sein Brecheisen und klopfte die Ziegel des Backofens ab. Ich hörte ihn etwas vor sich hinmurmeln. Er richtete sich auf, kramte ein aufgerolltes metallenes Meßband hervor und nahm sorgfältig Maß, zuerst außen am Herd, dann am vorstehenden Teil des Rauchfangs und am Abzugsrohr, schließlich an der Wagenbreite. Er klopfte mehrmals an das Rohr, und wir hörten den metallenen Widerhall. Plötzlich schienen seine Berechnungen etwas Bedeutungsvolles zu ergeben, sein Gesicht erhellte sich, und er nahm wieder das Brecheisen zur Hand. Er setzte die scharfe Kante an der Verbindung zwischen Herd und Rauchfang an, und hebelte kräftig, wobei er zu keuchen begann. Langsam rückte der Herd von der Wand ab. Wir drängten uns alle heran, um in die Höhlung zu spähen, die er mühsam enthüllt hatte.

Drei kleine Orang-Utans blickten uns erschrocken entgegen.

Die Vamponis wurden mit einer empfindlichen Buße bestraft,

die drei Orang-Utans von der Behörde beschlagnahmt. Alle drei fanden ein Heim in einem guten Zoo, wo sie von ihrer Salmonellen-Infektion und von der Diarrhöe, die Vamponi mit Chloramphenicol hatte vertreiben wollen, geheilt wurden. Laura Vamponi hatte sich aus Unachtsamkeit angesteckt. Jedes Heim wäre für die Tierchen besser gewesen als das schwarze Versteck hinter dem Herd, wo ihnen nur das Ofenrohr Luft zuführte. Hier hatten die jungen Orang-Utans weiß Gott wie viele Wochen verbracht; nur nachts und am frühen Morgen waren sie herausgeholt und heimlich mit Milch aus der Flasche, Obst und Gemüse ernährt worden, dann, als sie krank wurden, mit Erdnußbutter. Hätten die Vamponis die Erdnußbutter, das Obst und die Flaschen in einem Laden außerhalb des Zoos gekauft, so wäre niemals ein Verdacht aufgekommen.

Der Menschenaffen-Schmuggel ist ein einträgliches Geschäft, und er wird immer noch betrieben. Korrupte Beamte, viele auf sehr hohem Posten, gibt es überall in Indonesien. Überhaupt kann man alles, von Komodo-Waranen bis zu Paradiesvögeln (mit abgeschnittenen Schwanzfedern und schwarzgefärbt als »Fasane« verkleidet), für den richtigen Preis erhalten. Gorillas und Schimpansen kommen in beträchtlicher Zahl aus Afrika, wo den Erhaltungsgrundsätzen nur Lippendienst geleistet wird, und ihre Einfuhr in europäische Länder wie etwa Belgien und Spanien vollzieht sich so gut wie unkontrolliert. In anderen europäischen Ländern, England eingeschlossen, unterstehen Import und Verteilung strengen Vorschriften; aber es gibt immer noch vermögende Privatsammler, Fanatiker und unehrliche Zoodirektoren, die gern, ohne Fragen zu stellen, mehrere tausend Pfund für einen jungen Menschenaffen bezahlen, dessen Eltern in Zaire oder in Sumatra ermordet worden sind.

Vamponi behauptete, ein Käufer in England, dessen Name er nie offenbarte, habe bei dem Betrug mitgewirkt. Wenn er nicht log – nicht auf eigene Faust einen Markt suchen wollte –, hätte ich für mein Leben gern gewußt, wer dieser geheimnisvolle Kunde war. Ich fürchte, daß Vamponi in diesem Punkt die Wahrheit sagte. Irgendwo in England sitzt ein Schuft, wahrscheinlich ein reicher Mann, der mit lebenden Geschöpfen Handel treibt, als ob sie Kaffee- oder Kakaobohnen wären.

Vielleicht würde sich, überlegte ich, als alles vorbei war, für den Fall der drei rothaarigen Orang-Utans ein anderer Titel besser eignen, wenn Sherlock Holmes nicht schon vom Bündnis der Rothaarigen gesprochen hätte. Aber eigentlich hatte es sich, wie ich später zu Matt Kelly sagte, bei der Affäre Vamponi, medizinisch betrachtet, um einen enterogenen, das heißt vom Darm ausgehenden Fall gehandelt.

5

Im Dezember jenes Jahres war ich wieder in Kenia, wo ein Film über Betty Leslie-Melvilles Arbeit mit der Giraffe Daisy, die sie aufgezogen und der Freiheit zurückgegeben hatte, gedreht werden sollte. Marty Dinnes rief mich aus Kalifornien an, um mir zu sagen, daß die jungen Giraffen, die man für die Herstellung des Films eingefangen hatte, den Filmleuten Sorgen machten. Zwei waren gestorben, andere erkrankt. Der amerikanische Regisseur war in Panik geraten. Der Drehplan konnte nicht eingehalten werden, und Hauptdarsteller wie Simon Ward und Gordon Jackson lagen müßig auf dem Filmgelände außerhalb von Nairobi in der Sonne.

Zu den Vorteilen von Lightwater, wo ich nun seit über zwei Jahren meinen Wohnsitz hatte, gehört es, daß ich zwar eine ländliche Umgebung habe, aber innerhalb von zwanzig Minuten im Flughafen Heathrow sein kann. Eine Stunde nach Martys Anruf bestieg ich eine Maschine der Kenya Airways für den Nachtflug über Paris. Bevor ich mich darauf einrichtete, während des Fluges nach Afrika so gut wie möglich zu schlafen, überprüfte ich noch einmal den Inhalt meiner Schultertasche. Sie ist immer fixfertig gepackt und enthält die wesentliche Ausrüstung für Notfälle: Betäubungsmittel für zehn ausgewachsene Elefanten und chirurgische Instrumente für Eingriffe wie etwa einen Kaiserschnitt. Außerdem fünfzig Behälter für Blutproben, Eiter oder Samen von Mäusen oder Walrossen, schmerzlindernde Mittel, die genügen, einem Bengaltiger mit Sinusentzündung so lange Erleichterung zu verschaffen, bis seine Behandlung beendet ist und ungewöhnliche Antibiotika, die nützlich sind, wenn es um einen Wettlauf mit der Zeit geht. Die Tasche liefert auch mir alles Notwendige, wenn ich schlafen oder wach bleiben möchte, oder wenn ich mich vor Malaria in acht nehmen will. Ferner sorgt sie dafür, daß ich mich warm, kühl oder trocken halten kann, und daß es mir möglich ist, mich sogar dort, wo es kein Wasser gibt, zu waschen, nachdem ich in den Eingeweiden eines todkranken Flußpferdes gewühlt habe. Ich finde darin ebenfalls Jagd- und Fanggeräte, Kreditkarten und alle möglichen Devisen in kleineren Scheinen.

Trotzdem ist ihr Umfang gerade noch so, daß ich sie als Handgepäck ins Flugzeug mitnehmen kann. Gute alte Tasche!

Jetzt überzeugte ich mich bei spärlicher Beleuchtung, daß ich genügend injizierbares Valium bei mir hatte, damals mein bevorzugtes Beruhigungsmittel für aufgeregte Giraffen, und sah auch noch nach – da Marty die Möglichkeit einer Magen-Darm-Störung erwähnt hatte –, für wie viele Tage mein Vorrat an Hyoscin reichte. Ich fragte mich bereits, wie sich die normalerweise sehr strengen kenianischen Zöllner angesichts meines Tascheninhalts verhalten würden.

Dann schloß ich, wie es meine Gewohnheit ist, die Augen und ging im Geist ein Register üblicher Giraffenkrankheiten durch, meine bisherigen Fälle, die Erfolge und Mißerfolge, die Dosierung der Mittel im Verhältnis zum Körpergewicht und die Katastrophen, die den Unbekümmerten erwarten, der bei Giraffen ein Medikament anwendet, das bei anderen Tierarten erwiesenermaßen durchaus ungefährlich und wirksam ist.

Schließlich lehnte ich mich bequem zurück und wartete auf den Schlaf, wobei ich an frühere Erlebnisse in Kenia dachte und an das kleine Zebra Tatu, dem ich dort den Star gestochen hatte.* Lebte es noch, und konnte es sehen?

Der Film wurde in Langata gedreht, wo Jock und Betty Leslie-Melville ihr großes, im englischen Stil gebautes Haus hatten. Daisy Rothschild war längst ausgewachsen und konnte nicht mehr die Rolle des Giraffenkalbs spielen. Sie streifte jetzt frei mit einer Herde herum, kam aber noch regelmäßig zu dem Haus ihrer Wohltäter, oft mit ein paar Giraffenbullen im Schlepptau. Die Filmleute hatten sechs junge Giraffen verschiedener Größe eingefangen, die Daisy jeweils in einem bestimmten Alter darstellen sollten. Damit hatte das Unglück angefangen. Die Giraffenkälber waren erst teilweise entwöhnt. Man hatte sie auf das Filmgelände versetzt, ohne sie zuvor der Welt des Homo sapiens anzupassen, und hatte erst noch von ihnen erwartet, daß sie sich bei der Filmerei wie gutbezahlte Stars benehmen würden.

Freilich, man hatte es in mancher Hinsicht an nichts fehlen lassen: Hubert Wells, einer der besten Tierkenner und Trainer Hollywoods, pflegte die Tiere, unterstützt von einer Schar hingebungsvoller junger Mädchen. Der Produzent, der Regisseur, der Kame-

* Diese Episode schildert David Taylor im Band »Zwei Meter Halsschmerzen«, Schweizer Verlagshaus, Zürich 1982 und Fischer Taschenbuch (Bd. 8060).

ramann, die Schauspieler, die Techniker und die schönen Mädchen, die Klappen hielten, Erfrischungen verteilten und sonst nicht viel zu tun schienen, alle sorgten sich sehr um die Giraffen. Sorgen gab es in Hülle und Fülle. Sie waren von den Gesichtern abzulesen. Sie hielten die Telex-Maschine im Hotel Intercontinental fortwährend in Atem. Sie waren auch an den langen Tischen, die, mit Früchten, Fleisch und Fisch beladen, unter Sonnenschirmen für die Filmleute bereitstanden, gegenwärtig. Auch das Wetter stimmte uns besorgt. Die Regenzeit drohte, und die Sonne schmollte stundenlang hinter Wolken. Weit weg in den Vereinigten Staaten sorgten sich die Geldgeber, Leute, die den Unterschied zwischen einer Giraffe und einem Gerbil nicht kannten. Ja, Sorgen gab es in Hülle und Fülle, aber nicht viel Verständnis dafür, was Streß jungen Vertretern einer der empfindlichsten Tierarten Afrikas antun kann. Als die ersten Krankheitszeichen bemerkt worden waren, hatte man mit dem Tierarzt vom Ort versucht, die Giraffen gesund zu machen. Das Unheil hatte sich fortgesetzt, und zwei waren eingegangen. Die Besorgnis der Filmgesellschaft wurde, als die Unkosten lawinenartig anschwollen und die Giraffen dahinsiechten, zur Panik. Die kenianische Regierung hatte für die Mitwirkung der Giraffen eine Sondererlaubnis erteilt, aus touristischen Gründen, aber das zuständige Ministerium hatte klipp und klar die Einschränkung gemacht, daß es keinen Ersatz geben würde, wenn den sechs Giraffen etwas zustoßen sollte. Die Besorgnis im Herzen der Filmmagnaten wurde zur Panik. Man hatte sich an Dinnes gewandt, und so war ich nun hier.

Nach der Landung in Nairobi fuhr ich sofort nach Langata. Um zu dem Haus der Leslie-Melvilles zu gelangen, muß man von der Hauptstraße abbiegen und sich auf einem Feldweg durch Bananen- und Zuckerrohrpflanzungen und durch Akazienwälder, Dornbüsche und Baobabbestände schlängeln. Die Bäume tropften nach einem Regenschauer, als ich ankam. Beim Aussteigen aus dem Taxi sah ich zu meinem Entzücken zum erstenmal einen Schliefer, einen reizenden, hasengroßen Wiederkäuer, der dem Murmeltier ähnlich sieht, aber der nächste lebende Verwandte des Elefanten und das in der Bibel erwähnte Kaninchen ist. Es war ein Baumschliefer, der in Afrika häufig vorkommt, aber in Gefangenschaft schwer zu halten ist, so daß man ihn selten in einem Zoo findet. Er beäugte mich verschlafen aus einem Hibiskusstrauch, umringt von feuchten, dampfenden Blättern, äußerte seine Ansicht mit Knack- und Grunzlauten, zog den Kopf zurück und verschwand. Das Haus stand auf einem Rasen, der sich sachte zu Bäumen hinuntersenkte, ähnlich wie in Yorkshire und im schottischen Tiefland; allerdings in einer rein afrikanischen Landschaft mit wirrem Gestrüpp, gelben Grasflecken, grauen Baumstrünken und verkrüppelten Bäumen. Alles war lebendig und bewegte sich – Nebelfetzen rissen sich von Wipfeln los, der Hitzedunst vibrierte wie Harfensaiten, in der Ferne stoben plötzlich Vogelscharen von der Savanne auf, Staub wirbelte in die Höhe und sank hinab, Schwarze Milane kreisten, Wind, Wolken und Schatten spielten Tauziehen; die ferne Landschaft war ein Flickwerk von Wasserfarben auf dunklem Hintergrund. Manchmal sah man weiter unten eine Giraffe gelassen zwischen den Bäumen dahinziehen oder ein einsames Warzenschwein im Boden wühlen; da und dort trugen Paviane emsig etwas zusammen.

Im Haus und in der unmittelbaren Umgebung wimmelte es von Filmleuten und ihren Ausrüstungsgegenständen. Schon bald fand ich Clive, den englischen Co-Produzenten, bei dem ich mich melden sollte. Er war ein liebenswürdiger, jetzt allerdings sehr gehetzter Mann. Er war sehr erleichtert, mich zu sehen, und als sich die Kunde verbreitete, der Giraffendoktor sei angekommen, hob sich die Stimmung allerseits sichtlich.

»Wie schön, daß Sie da sind, Herr Doktor«, begrüßte mich der Kameramann. »Was glauben Sie, wann können wir mit den Giraffen anfangen?«

»Was fehlt ihnen überhaupt?« fragte ein Mann, der Kopfhörer, einen rosa Kaftan und eine Baseballmütze trug.

»Sagen Sie, Herr Doktor«, begann ein junges Mädchen mit riesiger spiegelnder Sonnenbrille, durch die nur sie sehen konnte (wie sich herausstellte, war sie die Krankenschwester der Filmequipe), »könnten Sie einen Brief nach London mitnehmen, wenn Sie morgen zurückfliegen?«

Alle sahen entschieden heiterer aus als wenige Minuten zuvor bei meinem Erscheinen. Das hatte ich schon öfters bei Film- und Fernsehleuten erlebt: »Die Giraffen sind unpäßlich? Holt den Giraffendoktor. Laßt ihn schnell kommen, zahlt ihm, was er verlangt, und sorgt dafür, daß er den Scheinwerfer in Ordnung bringt oder den verdammten Kurzschluß behebt. Nein, es spielt keine Rolle, was es kostet, der Giraffe eine neue Birne einzuschrauben oder was immer sie sonst benötigt, wenn wir nur morgen drehen können!« So wird das im allgemeinen gehandhabt. Man könnte es vielleicht schmeichelhaft finden, aber mich reizt es bis aufs Blut. Giraffen – oder Krokodile oder Nachtigallen – sind mindestens millionenmal komplizierter in Entwurf und Konstruktion als die ausgeklügelste Kamera oder der empfindlichste Monitor. »Meinen Sie nicht, ich sollte mir die Tiere erst einmal ansehen?« gab ich zurück.

Diesen Gedanken fanden alle sehr vernünftig, und Clive führte mich zu dem Gehege, das hinter dem Haus für die jungen Giraffen errichtet worden war. Es waren hölzerne Verschläge innerhalb eines Zaunes. Es gab sogar eine gedeckte »Küche«. Vier Verschläge beherbergten je eine kleine Rothschildgiraffe. Es gibt nur eine einzige Giraffenart, ihr lateinischer Name – Giraffa camelopardalis – erinnert daran, daß dieses Tier im Mittelalter »Kamelleopard« genannt wurde. Aber innerhalb der Familie unterscheidet man etliche geographische Rassen und vier Unterarten. Eine davon, die sogenannte Rothschildgiraffe, kommt nur in geringer Zahl in Nordwestkenia und Südostuganda vor. In Färbung und Zeichnung unterscheidet sich die Rothschildgiraffe von den anderen Unterarten durch ein dichtes weißes oder hellgelbes Netzwerk auf tiefbraunem Grund, Flecken über dem Rumpf und einen stärker gezeichneten Hals.

In der Wildnis ergeben sich Kreuzungen zwischen den Rassen, doch als ich diese jungen Giraffen betrachtete, bestand für mich kein Zweifel, daß sie alle reinrassige Rothschilds waren, elegante, liebliche Geschöpfe mit großen blauschwarzen Augen und überlangen Wimpern. Ängstlich wichen sie vor mir zurück, als ich sie ansprach. Die größte der Gruppe, ein Bulle, schien noch scheuer als die andern zu sein, denn sie nahm die merkwürdige »Hans-guck-in-die-Luft-Haltung« an, die ich schon oft bei stehenden Giraffen beobachtet hatte: Der Kopf bildet eine Gerade mit dem zurückgebogenen Hals, während das Tier erregt auf den dünnen Beinen schwankt. Keine der Giraffen machte einen normalen Eindruck, zwei sahen ausgesprochen unwohl aus. Sie verweigerten die Nahrung, und das kleinste Weibchen hatte zudem Diarrhöe.

Ich fragte Clive, was die Giraffen in dem Film zu tun hätten.

»Sie sollen in Panik durch Stacheldraht brechen, in einem Lastwagen fahren, leidend aussehen und zum Beispiel hinken«, antwortete er und fügte sofort hinzu: »Sie wollen sicher in ein bis zwei Tagen zurückfliegen. Haben Sie alles bei sich, was sie brauchen?« Ich betrachtete das unglücklich aussehende junge Weibchen, das gerade wieder dünnen Kot von sich gab. Die Muskeln unter der Haut zitterten unheilvoll. »Je nun«, versetzte ich schließlich, »dieses Tier sieht schon leidend genug aus, aber so können Sie es sicher nicht filmen. Ich muß alle untersuchen und Blutproben nehmen. Wenn Sie Glück haben, können wir einen weiteren Todesfall vermeiden, doch es wird schwierig sein.«

Clive machte ein entsetztes Gesicht. »Aber der Film! Können Sie sie nicht heilen, irgend etwas anwenden, ihnen eine Spritze oder sonst etwas geben?«

»Ich muß zuerst mit dem Veterinär sprechen, der bei den eingegangenen Tieren eine Obduktion vorgenommen hat«, erklärte ich. »Dann muß ich sehen, was die Blutproben ergeben. Inzwischen können wir mit der Behandlung beginnen, aber ich muß Sie warnen, so junge, kranke Giraffen, noch dazu gerade erst der freien Wildbahn entrissen, sind außerordentlich schwierig. Selbst wenn alles gut geht, werde ich mindestens eine Woche bleiben müssen. Und noch etwas – diese Tiere dürfen nicht zum Filmen benutzt werden, bevor ich grünes Licht dafür gebe; und das heißt frühestens in drei Tagen.«

Clive betrachtete die Giraffe, die so verkrampft war, daß sie Schleim abgab. Er nickte bedächtig. »Ganz wie Sie wünschen, Herr Doktor. Tun Sie, was notwendig ist. Ich muß es dem Regisseur schonend beibringen und die schlimme Nachricht in die Staaten melden.«

Während er sich entfernte, kamen Betty Leslie-Melville und der Tierwärter Hubert Wells zu mir. Beide sorgten sich sehr um die Giraffen. Betty, die ja die echte Daisy gezähmt hatte, verfügte über ein ausgesprochenes Einfühlungsvermögen und verstand sich auf den Umgang mit Giraffen. Sie verglich die monatelangen Kämpfe und Rückschläge, die sie und ihr Mann bei Daisys Aufzucht erlebt hatten, mit dem Fertigkaufsystem, das zu Filmzwekken bei diesen eingeschüchterten Geschöpfen angewendet worden war, und es sagte ihr gar nicht zu. Sie hatte wegen der Behandlung der Giraffen schon einige Zusammenstöße mit den Filmleuten gehabt, und die Beziehungen zwischen den beiden Parteien waren recht gespannt. Die Todesfälle waren für Betty besonders tragisch gewesen; obwohl alles auf ihrem Besitz geschehen war, hatte sie laut Vertrag kein Mitspracherecht, die Giraffen gehörten der Filmgesellschaft. Bisher waren Betty und Hubert die einzigen gewesen, die etwas von Tieren verstanden; aber es lag klar zutage, daß ihre Meinungen über die Pflege junger Rothschildgiraffen auseinandergingen. Hubert, dem ich vorher noch nie begegnet war, trug die Verantwortung für die Tiere und für ihre Dressur. Bis zu meiner Ankunft hatte er oft Vorwürfe wegen der Verzögerung einstecken müssen, und wenn er mein Erscheinen auch begrüßte, so begegnete er mir doch zuerst mit Mißtrauen, zumal er befürchtete – was sich allerdings als ungerechtfertigt herausstellte –, ich könnte seine Methoden kritisieren.

Wie schon öfters geriet ich in eine heikle Lage. Da ich einem Wortstreit zuvorkommen wollte, schlug ich diplomatisch vor, ich wolle sofort mit der Untersuchung der Giraffen beginnen und entschlüpfte ins Haus. Ich rief den Veterinär an, der die Obduktion an den bereits eingegangenen Giraffen vorgenommen hatte, erhielt aber wenig brauchbare Auskunft: Darmkrämpfe, keine Anzeichen einer Infektion, überhaupt weiter nichts. Sonderbarerweise wissen die meisten Tierärzte in Afrika so gut wie nichts von den Krankheiten und der Behandlung einheimischer Wildtiere, und ich habe festgestellt, daß die afrikanischen Veterinärstudenten auf den Universitäten, beispielsweise in Nairobi, von der einheimischen Fauna viel weniger erfahren als ihre europäischen Kommilitonen, obwohl der akademische Standard im übrigen jeden Vergleich aushält. Ich beschloß, Dr. Paul Sayer zuzuziehen, meinen ehemaligen Kommilitonen in Glasgow, einen erstklassigen Praktiker, der jetzt in Kabete in der Tierklinik arbeitete. Wenn ich Glück hatte, konnte Paul meine Giraffenblutproben im Laboratorium genauer untersuchen. Ich rief ihn an, und er erklärte sich gern bereit.

Bevor ich mich an die Untersuchung der jungen Giraffen machte, schaute ich mir die Installationen und die Zubereitung ihrer Nahrung an. Die Tiere hatten eine bequeme, zugluftfreie und saubere Unterkunft, erhielten mit der Flasche Pulverkuhmilch, die mit abgekochtem Wasser aufgelöst wurde, sowie frisches Laub, Heu und ein wenig Obst. Daran war an sich nichts auszusetzen, aber meines Erachtens war die Entwöhnung zu rasch vollzogen worden; normalerweise werden Giraffen von der Mutter zehn Monate lang oder noch länger gesäugt, doch die beiden kranken Tierchen waren erst zwischen drei und sechs Monate alt. Niemand durfte sich bei ihnen aufhalten außer den Leuten, die unmittelbar mit ihnen zu tun hatten, dennoch herrschte hier ein fortwährendes Kommen und Gehen aller möglichen Gestalten, die sich irgendwie ausweisen konnten.

Wohlmeinende boten ihre Hilfe an, Afrikaner schleppten Heuballen oder andere Vorräte herbei, hohe Persönlichkeiten statteten dem Filmgelände einen Besuch ab. Man hätte es einen stillen, geschützten Winkel im Garten der Leslie-Melvilles nennen können; aber für die Giraffen war es ein fremdartiges Leben unter Streß, wenn man bedenkt, daß sie noch vor kurzem mit der Herde ungestört über die Savanne gezogen waren, sich im roten Sonnenuntergang neben einem Papyrussumpf an der nahrhaften Milch ihrer Mutter erlabt und unter den Akazien friedlich geschlafen hatten, beschützt von dem wachehaltenden großen Bullen.

Ich sprach darüber mit Hubert und sorgte dafür, daß die Tiere weniger gestört wurden und Ruhe hatten. Hubert ließ am Tor des Geheges ein Hängeschloß anbringen.

Es war sehr schwierig, die jungen Giraffen zu untersuchen. Hubert und sein Gehilfe drängten jedes Tier geduldig rückwärts in einen mit Strohballen ausgelegten Winkel der Box. Sie standen dann zu beiden Seiten und hielten einen über die Brust des Tieres gespannten Lederriemen fest, so daß es nicht ausbrechen konnte. Ich fühlte den Puls rasen und hörte das Herzklopfen sogar ohne Stethoskop, während die Tiere mit geblähten Nüstern und aufgerissenen Augen gegen den hemmenden Riemen drückten. Um bei aufgeregten Tieren, die oft nach dem üblichen gläsernen Thermometer schnappen, die Temperatur zu messen, benutzte ich neuerdings ein unzerbrechliches elektronisches Thermometer aus dünnem, flexiblem, plastikbezogenem Draht, der einen Hitzeleiter enthält. Der Draht wird in den After des Tieres eingeführt, eine Scheibe zeigt die Temperatur an. Das ganze Ding wird mit einer Batterie betrieben. Ich hatte den Draht meines Thermometers besonders lang machen lassen, so daß diejenigen Tiere, die ausschlagen oder sonstwie bocken, wenn an ihnen herumgefummelt wird, das nach Herzenslust tun können, während ich außer Reichweite ihrer Hufe oder Klauen stehe. Der lange Draht löst auch das Problem des Fiebermessens bei Delphinen. Mit einem gewöhnlichen Thermometer kommt man nicht an den isolierenden Afterfettschichten vorbei bis zu dem durchbluteten Gewebe, so daß man zu einem Ergebnis gelangt, das besagt, daß der Patient bereits erfroren ist. Mit dem Drahtthermometer aber konnte ich mühelos die Blutwärme registrieren, und ich hatte sogar schon einmal bei einem Schwertwal auf diese Weise die Temperatur gemessen.

Nach der allgemeinen Untersuchung entnahm ich Blut aus der

Fesselvene und machte Kotabstriche für die bakterielle Untersuchung. Ich hatte bereits jetzt den Eindruck, daß es sich im wesentlichen um eine schwere Darmstörung handelte, verursacht von der ungewohnten Ernährung und allgemeinem Streß. Zum Schluß injizierte ich jeder Giraffe Hyoscin sowie ein gewebeaufbauendes und kräftigendes Präparat, das wegen der darin enthaltenen anabolischen Hormone bei gewissen Spitzensportlern sehr beliebt ist.

»Lassen Sie die Früchte weg und verdünnen Sie die Milch«, wies ich Hubert an. »Die beiden, die Diarrhöe haben, dürfen in den nächsten 24 Stunden überhaupt keine Milch bekommen. Nur warmes Wasser mit Honig, und zwar sehr viel.«

Ein Fahrer brachte meine Proben in das Laboratorium, wo Paul Sayers Assistenten schon bereitstanden, die Untersuchungen sofort vorzunehmen. Ich wunderte mich gar nicht, daß es auf den Abend eines Freitags zuging, denn immer wenn ich dringend einen Laboratoriumsbefund benötigte, sorgt das Schicksal dafür, daß es ausgerechnet am Wochenende geschieht. Ob es sich um das Blut eines Gepards handelt, bei dem ich eine Vergiftung durch barbiturverseuchtes Fleisch vermute, oder um die Biopsie eines schwerkranken Stachelschweins, das leberleidend sein könnte, man kann ums letzte Kupferstück wetten, daß sich der Vorfall an einem Freitagabend oder an einem Samstag ereignet. Wenn es an einem Montag geschieht, dann ist der Montag ein Feiertag. In diesem Fall aber wirkte Paul Sayer Wunder, und ich erhielt das Ergebnis der Blutanalyse schon am folgenden Tag. Es schien nichts Außergewöhnliches vorzuliegen, kein Anzeichen von einer Infektion oder von einem organischen Leiden. Meine Patienten waren vielleicht ein bißchen anämisch, das war alles. Trotzdem litten sie immer noch an Diarrhöe, hatten keinen Appetit und waren apathisch. Durchs Stethoskop hörte ich ungewöhnlich gesteigerte Darmtätigkeit.

Während ich bei der Zubereitung der ersten Mahlzeit zusah, erschien der Regisseur. »Wie steht's Herr Doktor?« erkundigte er sich. »Ist alles in Ordnung?«

»Noch nicht« erwiderte ich.

Er war sauer. »Ich muß aber mit dem Drehen anfangen, und bei jeder Szene brauche ich die Giraffen. Haben Ihre Spritzen nichts genützt?«

Gleich wird er wie üblich damit loslegen, dachte ich, daß es in den Vereinigten Staaten einen Supertierarzt gibt, der hundert Prozent seiner Fälle im Handumdrehen mit einer roten Pille heilt und der sicher gern zu Hilfe kommen würde, wenn ich so freundlich wäre, den Telefonhörer in die Hand zu nehmen. Es ist meiner Erfahrung nach ein Glaubensbekenntnis unter Laien, daß in medizinischen Fragen die Meinung des Zweiten immer richtig und die des Dritten unfehlbar ist.

Tatsächlich begann er: »Hören Sie, Herr Doktor, wenn die Sache schwierig ist, wäre es vielleicht ein guter Vorschlag ... na ja, in Palos Verdes gibt es einen berühmten Tierarzt, Doktor Farklewicz. Sie haben sicher schon von ihm gehört. Ich spiele oft mit ihm Billard. Er behandelt Kirk Douglas' Pferde und hat bei Robert Redfords Hengst gute Arbeit geleistet. Er ist sündhaft teuer, aber er ist der Beste. Genau das gleiche wie bei diesen Giraffen. Doktor Farklewicz gab den Pferden einfach rote Pillen – den Namen des Präparates weiß ich nicht mehr –, und ein paar Stunden später waren sie wieder gesund.«

»Das glaube ich gern«, fiel ich ein. »Aber hier handelt es sich um Giraffen, nicht um Pferde. Die Ursache ist kein großes Geheimnis. Ich bin noch keine vierundzwanzig Stunden hier, doch die Zusammenhänge sind mir klar.«

Der Regisseur legte seine mißmutige Miene ab und zog hoffnungsvoll die Brauen in die Höhe. »Sie haben den Erreger gefunden, Herr Doktor? So ein tropisches Virus, was?«

»Nein. Nur menschliche Ungeduld, die den empfindlichen Tieren zuviel zugemutet hat. Jemand hat den großartigen Einfall gehabt, einen Film zu machen und junge Giraffen einzufangen, die die Hauptrolle spielen sollen, und für alles Drum und Dran wird viel Geld ausgegeben.«

»Genau. Wir haben für die Vorbereitungen einen Haufen Geld ausgegeben und gut für die Tiere gesorgt.«

»Ja, Sie taten alles, was Sie für nötig hielten. Aber niemand hat die psychologische Seite bedacht. Diese Giraffen stehen unter Streß. Der Entwöhnungsprozeß wurde mit künstlicher Ernährung vorangetrieben. Plötzlich in enger Berührung mit Menschen zu sein und wie ein Haustier zu leben – Sie können sich nicht vorstellen, was für eine Belastung das ist. Kein Wunder, daß die Eingeweide durcheinandergeraten. Von einem Virus oder sonst einem Erreger ist hier nicht die Rede – nur von Streß. Je mehr die Tiere unter Druck stehen, desto größer ist die Gefahr, daß Sie alle verlieren werden.«

Der Regisseur kramte ein Päckchen Gauloises hervor, zündete

sich eine Zigarette an und inhalierte tief. »Was meinen Sie also?« fragte er nach langem Schweigen ruhig.

»Ich bin gerade dabei, die Nahrung und noch ein paar Dinge zu ändern. Ich gebe auch noch weitere Injektionen. Wir wollen die Tiere mindestens zwei Tage lang ganz in Ruhe lassen. Dann werden wir sehen. Eine andere Wahl haben wir leider nicht. Entweder werden meine Anordnungen befolgt, oder Sie können einen Film mit toten Giraffen machen.«

Er nickte und seufzte schicksalsergeben. »Wie Sie wünschen, Herr Doktor. Dann kann ich ja einen Ausflug zum Naivasha-See machen.« Als er gegangen war, besprach ich mit Hubert nochmals eine Diät, die dem säuglingshaften Verdauungssystem der Giraffen zuträglicher war als Gemüse und Obst und injizierte jeder Giraffe eine Mischung aus Selen und Vitamin E. Mittlerweile hatten Andrew und ich bei Dutzenden von Obduktionen – bei Wallabys, Zebras, Vögeln, Delphinen und auch bei Giraffen – festgestellt, daß der Mangel an diesen beiden lebenswichtigen Stoffen zu verhängnisvoller Herzmuskelschwäche geführt hatte. Außerdem erhielten sie antianämische Injektionen. Die kleinen Giraffen waren Musterpatienten. Wie so oft bei der Behandlung freiheitsgewohnter Tiere fragte ich mich, was sie von meinem Vorgehen halten mochten – ich stach sie mit Nadeln, betastete sie und horchte sie ab. Von etwas bin ich seit langem überzeugt: Obwohl das Tier keine Vorstellung von »Medizin«, »Untersuchung« und »Therapie« haben kann, so scheint es doch unterscheiden zu können zwischen Menschen, die es sinnlos reizen, quälen und necken, und jenen, die etwas – manchmal etwas Unangenehmes – in guter Absicht tun. Ich vermute, daß das Tier die Geistesart des Menschen bewußt oder unbewußt erkennt.

Wenn ich im Ausland arbeite, habe ich oft viel freie Zeit. Ich kann und will die Tiere nicht stundenlang behandeln, es sei denn, besondere Maßnahmen oder Transfusionen seien erforderlich. Meistens bekomme ich nur mit einem bestimmten Fall zu tun, und wenn damit auch Telefongespräche, Schreibarbeit oder Besprechungen verbunden sind, so bleibt mir doch stets Zeit, mich im Ausland umzusehen. Wenn der Orang-Utan im Madrider Zoo nach der Appendixoperation seinen Betäubungsrausch ausschläft oder abgewartet werden muß, ob ein Riesenotter auf ein Mittel gegen Tuberkulose reagiert, kann ich mir im Prado die Gemälde von Velasquez und El Greco ansehen.

Ich überlegte nun, ob Betty Leslie-Melville mir wohl etwas Ähnliches zu bieten hatte wie das Warzenschwein Walter damals bei meinem ersten Besuch. Deshalb ging ich zum Haus hinüber. Es war ein warmer, feuchter Tag mit blaßgoldenem Dunst über der Landschaft. Betty, schlank und blond, stand mit einem großen blauen Strandball in den Händen auf der hinteren Veranda. »Hätten Sie Lust, Giraffen Fußball spielen zu sehen?« rief sie mir zu.

»Und ob!« antwortete ich.

Betty gab mir den Ball, formte die Hände vor dem Mund zu einem Trichter und rief laut zu den etwa dreihundert Meter entfernten Bäumen hinüber: »Dai-sy! Dai-sy! Komm, Daisy!«

Ich schaute auf die Stelle, wo der Rasen aufhörte und das Gebüsch begann. Nichts rührte sich.

»Dai-sy! Daisy Rothschild! Komm! So komm doch!« Betty rief die Originalgiraffe Daisy Rothschild, jetzt ein freilebendes ausgewachsenes Tier.

Plötzlich sah ich Kopf und Hals einer Giraffe erscheinen. Dann kam noch eine, und eine dritte folgte. Drei stattliche Rothschildgiraffen traten gelassen aus dem Gebüsch.

»Brav! Komm, Daisy! Komm schön!« Mit großer Würde bewegten sich die drei Giraffen auf uns zu. »Die vorderste ist Daisy«, erklärte Betty. »Dann kommt ein Bulle, ihr treuergebener Freund. Die dritte ist auch ein Weibchen, wir haben sie Gladys getauft.« Als die großen Tiere noch etwa hundert Meter von uns entfernt waren, blieben sie stehen und blickten uns an. Daisy war zwar von Menschen aufgezogen worden, aber die beiden andern waren hundertprozentige Tiere der Wildnis.

»Sie scheuen ein bißchen vor Ihnen«, flüsterte Betty. »Macht nichts, sie werden sich bald an Sie gewöhnen. Gehen Sie mit dem Ball langsam auf sie zu. Wenn Sie noch zehn Meter von ihnen entfernt sind, geben Sie ihnen den Ball.«

Das hörte sich lächerlich an. Drei wilden Giraffen mit einem Gummiball entgegenzugehen! Eine Giraffe wiegt rund eine Tonne, und da sie nicht nur sehr schnell galoppieren, sondern auch mit den schweren Hufen und dem gehörnten Kopf tödliche Schläge austeilen kann, hat sie kaum natürliche Feinde. Diese drei hatten also von einem unbewaffneten Menschlein nichts zu befürchten, aber ich war überzeugt, daß sie sich mit typischem Giraffenhochmut von mir abwenden würden. Doch angenommen, der Bulle war Daisys wegen eifersüchtig? Mir hatten Bullen schon fast den Schädel eingeschlagen, als sie unter ähnlichen Umständen auf mich losgegangen waren.

»Werfen Sie ihnen einfach den Ball vor die Füße, wenn Sie nahe genug sind«, wies Betty mich an.

Ich ging auf die drei unbeweglichen Tiere zu. Sie trugen den Kopf hoch und blickten auf mich herab; aus ihren Nüstern stieg leichter Wasserdampf. Daisy, die mir am nächsten stand, war sichtlich entspannter als die beiden andern. Ihre blaugraue Zunge entrollte sich dem Maul, beleckte die Lippen und putzte die kurzen Barthaare. Schließlich blieb ich stehen und zielte mit dem Ball auf ihre Beine. Er kullerte zwischen ihre Vorderbeine, worauf sie den Kopf fast bis zum Boden senkte, um ihn zu beäugen.

Dann begann eine sehr sonderbare Vorstellung von einem Fußballspiel. Daisy hob den Kopf und stieß den Ball sorgfältig mit einem Vorderhuf an. Er rollte ein Stückchen über den Rasen und blieb liegen. Daisy stakste gemächlich hinterher und schubste den Ball ein paar Meter weiter. Nun kam der Bulle an die Reihe. Bildete ich es mir nur ein, oder hatte er sich wirklich gelockert, sobald ich den Ball ins Spiel brachte? Er sprang ohne Eile Daisy voraus, schien den Ball aber nicht zu beachten, sondern starrte ins Weite, während er ihn mit geschickter Hufbewegung seitwärts kickte. Der Ball rollte über das Gras, die drei Giraffen folgten ihm würdevoll. Es war ein höchst zivilisiertes Spiel ohne die geringste Anrempelei, ohne Hast und anscheinend ohne Zweifel an der Richtung, wo ein Tor sein könnte. Daisy und ihr Freund monopolisierten den Ball allerdings abwechselnd, wohingegen Gladys nur selten eine Möglichkeit hatte, sich einzumischen; aber ihr Augenblick des Triumphs kam, als sie den rollenden Ball anhielt, indem sie ein Vorderhuf darauf setzte und nicht wich und wankte. Es gab kein Gerangel; alle standen still und blickten hochnäsig auf die Zuschauer, wobei sie wiederkäuten. Dann gab Gladys den Ball frei; der Bulle ging darauf zu und schoß ihn in aller Seelenruhe weg, worauf das Zeitlupenspiel von neuem begann. Nach einer halben Stunde verleidete den Giraffen das Spiel, und sie kamen langsam zu Betty und mir herüber. Der Wettkampf war vorbei, und statt Bier oder Fruchtsaft holte Betty Äpfel für die Mannschaft.

Es war ein einmaliges, entzückendes Schauspiel gewesen. Wie ich erfuhr, hatten sich die Giraffen auf Anhieb für den Ball interessiert, und das Spiel war ohne jede Dressur entstanden. Ich stellte mir vor, was für eine Sensation es wäre, wenn dieses langbeinige Trio nach einem Cup-Final auf einem Fußballplatz auftreten würde.

Am folgenden Tag sahen meine Patienten schon viel besser aus. Sie standen alle vorn in ihrer Box und schauten neugierig hinaus. Ihre Verdauung normalisierte sich, und ich freute mich besonders über die feuchten Stellen in ihrem Fell, die bewiesen, daß sie sich mit ihrer langen rauhen Zunge geputzt hatten – ein sehr wichtiges Anzeichen für die Besserung. Clive war erleichtert, als ich ihm mittteilte, daß wahrscheinlich mit keinem weiteren Verlust gerechnet werden müsse; aber nachdrücklich bestand ich darauf, den Giraffen noch mindestens zwei Ruhetage zu gönnen. Auch dann behielt ich mir ein Machtwort vor; die Giraffen durften erst eingesetzt werden, wenn sie genügend gekräftigt waren, keinen Augenblick vorher. Derweil machte ich ihnen jeden Morgen punkt acht Uhr bei der »Visite« Injektionen, begutachtete ihren Kot, untersuchte ihr Fell sorgfältig nach Zecken und beobachtete etwa eine halbe Stunde lang ihr Verhalten.

Nach viertägigem Aufenthalt in Langata fand ich, daß ich es verantworten konnte, die Giraffen für kurze, anspruchslose Auftritte vor der Kamera stehen zu lassen. Clive und die übrigen Filmleute freuten sich, endlich wieder drehen zu können, und wir besprachen, welche Szenen den Tieren nach der Rückkehr zum Schauspielerdasein in den ersten Tagen zuzumuten waren. Wir einigten uns auf eine Einstellung, bei der eine Giraffe den Kopf durch ein offenes Schlafzimmerfenster steckte und die Haare des im Bett liegenden Simon Ward beschnüffeln mußte, sowie auf eine andere, in der Daisy, in diesem Fall die kleinste Giraffe, in einem Minibus herumkutschiert wurde, wobei Kopf und Hals des Tieres durchs zurückgeschlagene Verdeck hervorragten.

Der Regisseur war erpicht darauf, noch eine Szene zu filmen, in der Daisy lahmte, nachdem sie einen niedrigen Stacheldrahtzaun durchbrochen hatte. Er fragte mich, wie man eine junge Giraffe dazu bringen könne, zu lahmen, ohne ihr Schmerzen zuzufügen. Ich sagte, ich müsse darüber nachdenken.

Am folgenden Morgen setzten wir die ruhigste kleine Giraffe für die Schlafzimmerszene ein.

Ich hatte angefangen, den Tieren wieder Obst zu geben, und zwar überreife Bananen, die ihnen in leichtverdaulicher Form wertvollen Zucker zuführen sollten. Hubert Wells und seine Gehilfen brachten die Giraffe zum Haus. Alles klappte vortrefflich. In Simons Haaren war klebriger brauner Bananenbrei versteckt, die Giraffe wurde von Hubert mit Milchflaschen und Obst zum offenen Fenster gelockt, und ohne die geringste Mühe war die Szene in kürzester Zeit im Kasten.

Danach kam die Giraffe im Minibus an die Reihe. Es mußte die kleinste sein, weil nur sie in diesem Gefährt Platz hatte, doch gerade das stimmte mich besorgt, weil sie die nervöseste war und die am leichtesten erregbare. Ich sprach mit Hubert über das Wagnis. »Ja, gerade diese Giraffe könnte am ehesten scheuen«, pflichtete er mir bei, »und wenn sie flieht, ist sie unmöglich wieder einzufangen.«

Ich beschloß, der kleinen Giraffe Valium zu Injizieren, nur gerade so viel, daß sie ruhig wurde, ohne zu torkeln. Die Berechnung der Menge dieses Präparats kommt einem Über-den-Daumen-Peilen gleich. Wichtig ist das Körpergewicht, doch bei den einzelnen Tierarten bestehen enorme Unterschiede, die man nur durch Erfahrung erlernen kann. Giraffen brauchen zum Beispiel, nach Gewicht bemessen, ungefähr zwanzigmal mehr Valium als erwachsene Menschen. Den Rekord bezüglich der Resistenz halten die Reptilien: Ich habe erlebt, daß eine halbpfündige Schildkröte munter und hellwach blieb, nachdem sie eine Barbiturdosis erhalten hatte, die eine ganze Fußballmannschaft in tiefe Bewußtlosigkeit versetzt hätte!

Der Vormittag verging mit der Einrichtung der Minibus-Szene. Derweil holte ich mir Kartoffeln, ging zum Waldrand und rief Walter. Nachdem ich mich fast heiser geschrien hatte, steckte er sein schuldbewußt wirkendes Gesicht hinter einem Dornbusch hervor, kam aber nicht heran. Er schnüffelte, schlug sich alle Gedanken an mich und die Kartoffeln aus dem Kopf, zog sich zurück und verschwand.

Als die Equipe zum Filmen bereit war, machte ich der kleinen Giraffe die Valium-Injektion und wartete zwanzig Minuten. Sobald sie ein wenig zwinkerte, gab ich das Zeichen, worauf Hubert sie behutsam aus ihrem Gehege führte. Wieder verlief alles glatt. Unter der beruhigenden Wirkung des Valiums ging das Tier unbesorgt zum Minibus und wurde, ohne daß man es locken mußte, drehbuchgemäß aufgeladen. Während der Dreharbeit wanderte ich auf dem Filmgelände herum und schaute zu, wie die Techniker das Dekor für die nächsten Szenen aufbauten.

An einer Stelle hatte man ein dreieckiges Stück des rotbraunen Bodens umgegraben und sauber geharckt. Das sollte das Gärtchen eines schwarzen Dieners werden, das im Film von einer flüchtenden Giraffe zertrampelt wird. Zu meinem Schrecken sah ich, daß dieser Garten auf allen Seiten mit glänzendem Stacheldraht umzäunt war. Natürlich! Clive und der Regisseur hatten ja gesagt, daß eine Giraffe durch Stacheldraht rennen müsse; darum sollte ich das Problem lösen, eine lahmende Giraffe herzustellen. Mich schauderte, als ich auf das umzäunte Dreieck zuging. Es war grotesk – Stacheldraht und lange feine Giraffenbeine waren eine gräßliche Kombination. Allein ein solch empfindliches Geschöpf in der Nähe des Drahtes stehen zu lassen, hieß das Schicksal herausfordern. Im Laufe der Jahre hatte ich schon allzu viele Verletzungen durch Stacheldraht gesehen und genäht. Was stellte sich der Regisseur eigentlich vor? Erst als ich den Stacheldraht berührte, erkannte ich, wie vollkommen er gefälscht war. Er bestand aus Plastik und war so geschickt gebastelt, daß man ihn nicht von echtem Stacheldraht unterscheiden konnte, nicht einmal aus der Nähe. Ich atmete auf. Es blieb jedoch das Problem, auf humane Weise Lahmheit zu erzeugen. Dem Giraffenbein eine Wunde anzuschminken, das war einfach, aber wie bewirken, daß das Tier humpelte? Hunde und Pferde lassen sich dressieren; gewissenlose Pferde-Ausleiher klemmen einen Kieselstein zwischen Hufeisen und Huf, so daß das Tier auf »natürliche« Weise lahmt.

Als die Minibus-Szene abgedreht war, stand mein Entschluß fest: Entweder müßte das Hinken der Giraffe durch einen geschickten Schnitt nur angedeutet werden, oder es wurde darüber im Dialog gesprochen, ohne daß man die lahmende Giraffe zu sehen bekam. Hubert überwachte das Ausladen der ganz und gar friedlichen Giraffe, und mir fiel plötzlich auf, wie stark das Valium gewirkt hatte. Die Augen fielen dem Tier fast zu, die Zunge hing ihm heraus, und beim Gehen schwankte es ein wenig. Hubert drängte es fürsorglich rückwärts zur Box; es trat unsicher auf und hoppelte, als ob es beschwipst wäre. Anscheinend war die Valiumdosis gerade für dieses Exemplar ein bißchen zu hoch gewesen. Gefahr bestand nicht, das wußte ich; am nächsten Tag mußte sich die kleine Giraffe von ihrer chemischen Euphorie vollständig erholt haben.

»Allmächtige Güte, das ist ja himmlisch!« rief der Regisseur, der neben der Kamera saß und mit zusammengekniffenem Auge die Giraffe durch den Sucher verfolgte. »Genau was wir brauchen, Herr Doktor. Freddy! Bob! Schnell mit den Scheinwerfern hierher! Schminkt der Giraffe das Blut auf! Alles fertigmachen zur Aufnahme! Nigel, beeil dich. Wir haben unsere lahme Giraffe! Fabelhaft! Herr Doktor, können Sie sie eine halbe Stunde so lassen, bis wir soweit sind?«

Die junge Giraffe blickte verschlafen auf das Gewimmel. Aus dem Verhalten des Regisseurs und dem Ton seiner Mitarbeiter, die mich um Rat fragten, war deutlich zu ersehen, daß sie glaubten, ich hätte Wunder gewirkt und eine »verwundete« Giraffe geschaffen. Da ich keine Lust hatte, ihnen die Illusionen zu nehmen, steckte ich die Hände in die Taschen, murmelte etwas davon, daß es am besten sei, alles in einem Tag zu erledigen, und dankte im stillen meinen guten Sternen.

Als die Kamera wieder surrte, wurde eine scheinbar erschrokkene und lahmende Giraffe mühelos eingefangen. Sie taumelte über das Gras, und es war mir, als sähe ich die zerrissene Sehne und die zerfetzte Haut. Das Valium hatte ein schwieriges Problem ohne weiteres gelöst; aber ich trug in meinem Tagebuch eine Notiz ein: Ich wollte die Dosierung des Beruhigungsmittels für junge Rothschildgiraffen revidieren.

In den folgenden zwei Tagen besserte sich der Gesundheitszustand der Giraffen immer mehr. Neue Blutproben bestätigten ihre Genesung, so daß ich heimkehren konnte. Ich flog zusammen mit Gordon Jackson, und das erwies sich als glücklicher Zufall: Beim Einchecken im Flughafen von Nairobi entpuppte sich der Mann am Schalter als begeisterter Liebhaber der Spielfilmserie »Das Haus am Eaton Place«; er erkannte Gordon Jackson sofort und bestand darauf, daß »Mister Hudson« und sein Begleiter in die erste Klasse aufrückten.

Gleich nach meiner Ankunft in London rief ich Andrew an, um zu erfahren, was es Neues gab. Er war kürzlich aus Indien zurückgekehrt, wo er für den holländischen Tierhändler Frans van den Brink weiße Tiger gesucht hatte. Nachdem er mir kurzen Bericht erstattet hatte, wollte ich wissen, ob sich während meines Aufenthalts in Kenia etwas Wichtiges ereignet hatte.

»Ja, leider etwas Trauriges«, antwortete er. »Arthur ist in Rio Leon ins Delphinbecken gefallen.«

»Der Papagei Arthur, der dem Schimpansen Pongo immer so übel mitgespielt hat?«

»Derselbe.« Es war Andrews Art, lakonisch zu sein.

»Das kann ihm nicht sehr geschadet haben«, meinte ich. »Die Delphine haben ihm doch sicher nichts getan. Man brauchte ihn doch nur herauszufischen und abzutrocknen, oder nicht?«

»Nein. Er saß in seinem Metallkäfig. War eingesperrt und ertrank, bevor man ihn herausholen konnte.«

Armer Arthur, dachte ich, mit seinem Schiff untergegangen.

»Anscheinend hat der Schimpanse Pongo den Käfig ins Wasser geworfen«, fuhr Andrew fort. »Er schlich sich nach der letzten Vorstellung unbemerkt zu den Papageien und entführte Arthur mitsamt dem Käfig. Der Delphin Taiji brachte den Käfig an die Oberfläche, aber zu spät.«

Pongo, der gepiesackte Schimpanse, hatte also wegen der erlittenen Demütigungen schreckliche Rache genommen. Offenbar hatte sich Arthur tapfer gewehrt; denn Andrew hatte die argen Wunden behandeln müssen, die Arthur dem Schimpansen bei der tragischen Entführung an beiden Händen zugefügt hatte.

6

Feuer und Eis, diese beiden Extreme, können das Lebenslicht ausblasen. Beides habe ich bei meiner Arbeit mit Walen erlebt. Das Feuer war die flammende Augustsonne in Malta, wo man zwei junge Grindwale wundersamerweise in der Markthalle von La Valetta noch lebend gefunden hatte, obwohl sie hier schon seit drei Tagen lagen. Sie warteten darauf, gekauft und auf unvorstellbar grausame Weise getötet zu werden, nicht als Nahrung für Menschen, sondern um als Fischköder zu dienen. Zwei Hotellkellner, die auf dem Markt Tintenfische kaufen wollten, entdeckten frühmorgens die »großen schwarzen Fische«. Die beiden Wale schnauften mühsam in der kühlen Luft. Die Körper wiesen häßliche Wunden auf, denn man hatte sie vom Boot aus über Stock und Stein und treppauf zur Markthalle geschleift. Die Kellner waren nicht dumm. Irgendwie beschafften sie sich die Telefonnummer vom Safaripark Windsor und benachrichtigten Gary Smart. Am selben Tag landeten Gary und ich mit einem Assistenten des Windsor-Parks auf Malta. Vier Tage lang rangen wir um das Leben der jungen Grindwale, die kaum entwöhnt gewesen waren, als die Fischer sie gefangen hatten. Das Hotel Phoenicia überließ uns sein Kinderschwimmbecken, und hier pflegten wir die Wale, fütterten sie mit einem Brei aus Fischen, Eiern und Proteinlösung mittels eines Röhrchens und behandelten ihre Wunden mit einer Heilsalbe.

Schließlich konnten wir sie im Garten eines englischen Ehepaares, das an der St. John's Bay wohnte, in einem größeren Becken unterbringen. Inzwischen war alles gut gegangen; sie schwammen lebhafter, die Analyse der Blutproben zeigte Ergebnisse, die von gesunden Grindwalen zu erwarten waren, und wir hatten zu einfacher Zwangsernährung mit Sardinen und Königsmakrelen übergehen können. Um die schwimmenden oder müßig badenden Grindwale vor Sonnenbrand zu schützen, errichteten wir am einen Ende des Beckens ein Holzgerüst, über das wir große Tücher hängten. Tagsüber hielt ein Angestellter mit einem von uns Wache, stets bereit, die Tiere in den Schatten zu scheuchen und sie dort mit einem Netz festzuhalten, wenn sie bei hochstehender Sonne allzu lange mit dem Rücken außerhalb des Wassers waren.

Als die Wale in so guter Verfassung waren, daß wir daran denken konnten, sie nach England zu bringen, flogen wir zurück, um sowohl den Transport als auch ihren Einzug in Windsor vorzubereiten. Während unserer kurzen Abwesenheit wurden die Tiere nicht nur von Garys Assistenten betreut, sondern auch von den beiden maltesischen Kellnern, die inzwischen vom Delphin- und Walfloh gebissen worden waren, ihre Stellung aufgegeben hatten und eine neue Laufbahn als Pfleger in einem Delphinarium beginnen wollten. Ich hatte ihnen äußerste Wachsamkeit und größte Vorsicht wegen des drohenden Sonnenbrandes befohlen. Die beiden jungen Grindwahle benahmen sich wie frisch am Mittelmeer eingetroffene Touristen, die gar nicht genug von der Sonne bekommen können. Sie schienen die Wärme auf dem Rücken zu genießen und straften unseren Schattenplatz mit hochmütiger Verachtung.

Als wir nach Malta zurückkehrten, stellte ich zu meinem Schrecken fest, daß meine Warnungen vor der Sonne unbeachtet geblieben waren. Die Wale wiesen Brandwunden auf und hatten auf dem Rücken große Blasen. Allein eine Blase enthielt einen halben Liter klare Flüssigkeit!

Gary und mir verschlug es vor Zorn die Sprache. Als wir uns endlich soweit gefaßt hatten, eine Erklärung fordern zu können, ohne handgreiflich zu werden, sagte der eine Malteser: »Doch, wir befolgten Ihre Anordnung, aber die Wale ließen sich nicht davon abhalten, aus dem Schatten in die Sonne zu schwimmen.«

»Warum habt ihr sie nicht mit dem Netz zurückgehalten?«

»Oh, wir wußten etwas Besseres.«

»Und das wäre?«

»Ambre Solaire.«

Der englische Assistent, den wir auf Malta zurückgelassen hatten, mischte sich ein: »Ja, das stimmt. Hier ist die Quittung.«

Er reichte sie mir, und ich las: »Drogerie Vellas. Zwei Dutzend Flaschen Sonnenöl. Elf Pfund.«

Sonnenöl. Ambre Solaire. Für Wale. »Damit habt ihr die Wale eingerieben?« fragte ich durch zusammengebissene Zähne.

»Ja. Wir fanden es besser als den Schatten und das Netz. Vielleicht irren Sie sich, Herr Doktor. Könnten die Blasen nicht von einer Infektion herrühren?«

Schnaubend wie ein gereiztes Nashorn trat Gary vor seinen Assistenten und versetzte ihm eine schallende Ohrfeige. Der junge Mann fiel zu Boden, und innerhalb einer Sekunde verwandelte sich sein Ohr in eine dicke, rote Pfefferschote. »Nimm deine Zunge in acht, du verdammter Idiot!« tobte Gary.

Die beiden Kellner waren entsetzt zurückgewichen.

»Sie haben also den Tieren den Rücken mit dem Öl eingerieben?« fuhr ich fort.

Der Assistent nickte. Er blieb auf dem Boden sitzen und betastete sein Ohr. »Ja, Herr Doktor. Mit gutem Sonnenöl.«

Daran war nicht zu zweifeln. Die besondere schwarze Haut der Wale absorbiert die Sonnenbestrahlung. Da das glatte Wasser des Schwimmbeckens nichts von dem Wellenschlag und dem abkühlenden Sprühwasser der offenen See zu bieten hatte, war ihre Haut buchstäblich im Öl gebraten worden. Die Sonne hatte Brandwunden dritten Grades hervorgerufen.

In den folgenden Tagen forderten Schmerz, Schock und physiologische Störungen dadurch, daß Blutflüssigkeit in die Blasen drang, ihren Zoll. Was wir auch tun mochten, von diesem Augenblick an waren die Grindwale zum Tode verurteilt. In der nächsten Woche gingen sie kurz nacheinander ein. Wir verließen Malta, die Insel, wo jedes zweite Haus mit einem delphinförmigen Türklopfer geschmückt zu sein scheint, in tiefer Niedergeschlagenheit.

Einige Monate später kam das Eis. Ich hatte Killerwale zu behandeln, die schwerkrank waren, weil das Wasser, in dem sie lebten, zu kalt war. Ausgerechnet Schwertwale, die kaltes Wasser lieben! Kein Mensch hätte gedacht, daß so etwas möglich sein könnte, und ich sollte in mehr als einer Beziehung das Eis brechen.

Es fing damit an, daß an einem Februarabend das Telefon klingelte. Hanne und ich spielten gerade auf unsere chaotische Weise Schach. Draußen bewarf der heulende Wind das Haus mit Eiskörnern. Andrew befand sich in Spanien auf einer Inspektionsreise durch Mallorca, Barcelona und Madrid. Ich blickte auf die Uhr, als Hanne aufstand, um den Anruf entgegenzunehmen. Viertel nach acht. Wir sind beide recht gut darin, vorauszusagen, wer der Anrufer sein könnte, und zwar nach der Uhrzeit. Obwohl zoologische Gärten und Delphinarien ihre Nachtwächter haben, werden ungewöhnliche Vorfälle meistens erst am Morgen von einem Tierwärter entdeckt. Folglich werde ich am frühen Morgen angerufen, wenn eine neugeborene Antilope von der Mutter nicht angenommen wird, ein Delphin verdächtig still auf dem Rücken auf dem Boden seines Beckens liegt oder ein Adler mit gebrochenem Flügel stoisch in einer Blutlache sitzt. Nächtliche Anrufe zwischen drei und fünf Uhr kommen aus dem Mittleren Osten, wo man uns um vier Stunden voraus ist. Wenn wir am Frühstückstisch sitzen, erhalten wir betrübliche oder katastrophale Nachrichten von den europäischen Tiergärten; später handelt es sich gewöhnlich um weniger dringende Fälle. Zwischen zehn und zwölf Uhr sind die Nahrungsverweigerer entdeckt worden. Zur selben Zeit können wir mit Anrufen von einem Zirkus rechnen, denn Zirkusleute, die abends Vorstellung haben, sind keine Frühaufsteher. Der frühe Nachmittag ist die ruhigste Periode. Dann habe ich Zeit, Schreibarbeit zu erledigen, bevor um vier Uhr der Stoßverkehr wieder einsetzt, denn zu dieser Stunde haben die Amerikaner ihre Arbeit aufgenommen. Beim Abendbrot holen mich Marty Dinnes und die Kalifornier oft vom Tisch, um mich zu konsultieren. Aber auch die rührigen Deutschen halten gern am Abend mit mir eine Besprechung ab. Da meldet sich Schneider aus Haßloch, Tiebor von der Münchner Florida-Delphin-Schau oder Wurms aus Stukenbrock. Schließlich, wenn wir zu Bett gehen, sind Australien und der Ferne Osten an der Reihe, wo es dann schon Morgen ist.

Wie üblich wettete Hanne mit mir, ehe sie den Hörer abnahm. Wenn sie den Anrufer richtig erriet, bekam sie zehn Pennies, wenn nur das Land, fünf Pennies. Wenn alles falsch war, schuldete sie mir zehn Pennies. »Tiebor aus München«, weissagte sie. Sie verlor. Es war ein Anruf aus Island.

Saedyrasafnid heißt der kleine, ziemlich spärlich besetzte Zoo mit Aquarium an der Felsenküste einige Kilometer von Reykjavik entfernt. Er war nicht besonders bemerkenswert, außer daß es hier eine schöne Seelöwengruppe und zwei Becken mit kürzlich eingefangenen Schwertwalen zu bewundern gab. Der Direktor des Zoos, Jon Gunnarsson, war am Telefon. Er hatte ein großes Problem: Von den fünf im vergangenen Spätherbst eingesetzten Schwertwalen war einer verendet, und die übrigen waren krank. Ob ich so bald wir möglich kommen könnte?

Als Ende der sechziger Jahre der Öffentlichkeit zum erstenmal Schwertwale gezeigt wurden, war Seattle in den Vereinigten Staaten das Zentrum dieses Fangs. Die Herden, die jedes Jahr zwischen Vancouver und dem Festland auftauchten, wurden damals umzingelt und von den Fängern in ein riesiges Netz aus festem Stahl getrieben. Mitte der siebziger Jahre änderte sich das vollständig. Nicht nur hatte es sich gezeigt, daß man die Wale auf hoher See mit dem üblichen Schleppnetz fangen kann, sondern Island war zudem Hauptumschlagplatz geworden. Seither hatte die isländische Regierung den jährlichen Fang von vier bis acht Walen freigegeben, und zwar unter Jon Gunnarssons Leitung, der ein erfahrener Walfänger war.

Gleich nach dem Gespräch rief ich die Islandair an und buchte einen Flug für den nächsten Morgen über Glasgow. Hanne half mir beim Packen und legte mir dringend ans Herz, sofort nach der Ankunft in Reykjavik lange wollene Unterhosen zu kaufen. Obwohl ich die Dinger nicht ausstehen kann, versprach ich es ihr; aber im Augenblick beschäftigte mich weitaus mehr die Frage, was für eine Ausrüstung ich für die kranken Wale mitnehmen sollte. Wir räumten das Schachbrett weg, statt dessen breitete ich meine Sammlung speziell angefertigter subkutaner Spritzen für Wale aus. Da sie dicke Fettschichten durchdringen müssen, sind die Nadeln über 30 cm lang.

Ich landete zur ungünstigsten Jahreszeit für einen Besuch in Island in Keflavik. Die eisverkrusteten Lavafelder bildeten unter einem bleiernen Himmel eine eintönige Landschaft, die sich wellenförmig bis zum unbestimmten Horizont erstreckte. Unablässig raste der Wind über die baumlose Erde. Untersetzte isländische Ponies standen reglos wie Steine in Schneefeldern, sie kehrten dem Sturm das breite Hinterteil zu.

Jon Gunnarsson holte mich am Flughafen ab, und wir fuhren sogleich durch die Wildnis zum Zoo an der exponierten Meeresküste. Hinter dem Zoo, gegen Reykjavik zu, liegt der kleine Hafen Hafnarfjördhur, und die Luft roch durchdringend nach faulen Fischen. Einige Seeschwalben kreisten über den Dächern der niedrigen Holzgebäude, die da und dort aus Bodenvertiefungen hervorragten; ihr farbiger Anstrich war zu Pastelltönen verwittert; das Meer, schwarz von seinem Gehalt an vulkanischem Sand, brandete ans Ufer; ein einsamer Golfspieler in gelbem Ölzeug und Südwester lehnte sich in den Wind und schlug seinen orangefarbenen Ball über den schneebedeckten Golfplatz neben dem Zoo.

Saedyrasafnid dürfte der wildeste zoologische Garten der Welt sein. Hier sieht man Schafe und Ponies, die mit Heu vermischte ganze Heringe fressen – isländische Rassen haben schon vor langer

Zeit gelernt, von dem wenigen zu leben, was im langen Winter zur Verfügung steht. Der Eisbärengraben bietet in den kalten Monaten, wenn das Wasser zugefroren ist, einen bizarren Anblick. Die Bären, die dann nicht baden können, werden dunkelbraun vor Schmutz, Schnee und Eis in ihrem Graben sind rot vom Blut der toten Seelöwen, die ihnen als Nahrung dienen. Die Bären sind umgeben von Dingen, die auf den ersten Blick wie große braune Schmetterlinge aussehen. Man erkennt jedoch bald, daß es die Hinterflossen von Seelöwen sind, die einzigen Teile der Kadaver, die von den Eisbären verschmäht werden.

Am Meeresufer stehen die hohen Betonbecken der Wale. Dorthin führte mich Jon. Sein Sohn Gunnar traf mit uns unten an der Treppe zusammen, die zum Beckenrand hinaufführt.

»Schlechte Nachricht«, sagte er nach der Begrüßung. »Gerade ist noch ein Wal verendet.«

Wir kletterten zur Zuschauertribüne hinauf. Hier oben stürmte es noch stärker; der Wind schnitt durch meine Parka, als ob sie aus dünner Seide bestünde. Er rührte das Wasser schaumig auf und sprühte es uns ins Gesicht. Drei ausgewachsene junge Schwertwale bewegten sich langsam im Becken. Der vierte – der soeben verendete – wurde an die Wand gepreßt, so daß er nicht unterging.

»Woran ist der erste gestorben?« fragte ich laut, um gegen den Wind anzukommen.

Jon Gunnarsson, dessen Gesicht und Barttracht mich an einen elisabethanischen Glücksritter erinnerten, nahm eine Prise Schnupftabak, womit er sich warmzuhalten pflegte und klopfte sich an die Brust. »Lungenentzündung. Die Tierärzte in Keldur und das Forschungsinstitut kennen sich mit Walen nicht aus. Aber sie sind sicher, daß es Lungenentzündung war.« Ich nahm mir vor, den zweiten toten Wal so bald wie möglich zu sezieren. »Sie sagten, auch die andern seien krank. Was ist Ihnen denn aufgefallen?«

»Sie sind lustlos, faul, fressen wenig oder gar nichts. Auch mit der Haut stimmt etwas nicht.«

Ich blinzelte durch den Sprühregen. Ja, als die Wale auftauchten, um Luft zu holen, sah ich, daß das Wasser nicht glatt über ihre Haut rieselte, die glänzend wie ein Spiegel hätte sein müssen. Statt dessen floß es in Kaskaden wie Wasser über Terrassen. Die Haut war nicht glatt, und ich sah sogar, als sich meine Augen an die Trübung gewöhnten, rauhe Stellen und zerrissenes Gewebe am Rücken und an der Rückenflosse.

»Wir müssen das Wasser ablassen, damit ich sie mir aus der Nähe ansehen kann«, rief ich. »Aber zuerst muß das tote Tier herausgeholt werden, ich möchte eine Autopsie vornehmen.«

Ich dachte an die langen Unterhosen, die Hanne mir ans Herz gelegt hatte; meine Beine waren bereits gefühllos vor Kälte. Doch ich mußte den Einkauf verschieben, bis ich den toten Wal untersucht hatte.

Ich habe schon oft im Ausland Leichenöffnungen vorgenommen, manchmal unter keineswegs idealen Bedingungen, sogar ohne fließendes Wasser und ohne Schutz vor den Elementen, aber oft werden mir von der Ortstierklinik alle einschlägigen Anlagen zur Verfügung gestellt. Dafür war Island ein Beispiel. Dr. Palsson, ein Experte auf dem Gebiet der Schafskrankheiten und Leiter der veterinären Dienste des Landes, erklärte sich sofort bereit, dem Wal sein Institut zu öffnen. Allein die Größe eines solchen Tieres macht jedoch das Sezieren zu einer schwierigen Arbeit. Da der Schwertwal auf dem Seziertisch keinen Platz findet, muß man in rückenbrechischer, gebückter Haltung auf dem Fußboden arbeiten, und hernach stellt sich die Frage, wohin mit den Überresten. Dr. Palssons Mitarbeiterstab half mir beim Sägen, brachte mir warmes Wasser zum Auftauen meiner erstarrten Hände, schaffte sofort die Stücke beiseite, die ich nicht mehr brauchte und braute starken Tee, der großzügig mit Brennevin versetzt wurde, dem isländischen Gegenstück zum schwarzgebrannten Whiskey der Iren.

Mein Befund war alarmierend. Allerdings war die offensichtliche Todesursache eine schwere Lungenentzündung, aber was war mit der Haut? Sie war in entsetzlichem Zustand – abgestorben, schälte sich und wies viele Risse auf, die so tief waren, daß sie durch das Fett reichten und bluteten. Was war die Ursache? Weder Schläge oder Schnitte mit irgendwelchen Gegenständen bei der Gefangennahme kamen in Frage, ebensowenig grobe Behandlung im Netz; es handelte sich auch nicht um eine Infektion durch Bakterien oder einen Pilz. Wie die Landsäugetiere können Wale unter Hautparasiten leiden, zum Beispiel unter Neunaugen und fingernagelgroßen Läusen, aber deren Werk war dies eindeutig nicht.

Plötzlich kam mir die Erleuchtung. Es waren Frostbeulen, die Geißel der Bergsteiger und Antarktisforscher, deren Haut allzulange einer Temperatur unter null Grad ausgesetzt ist. Im Zoo hatte ich sie bei jungen Zebras und an Pavianschwänzen gesehen, aber nie hätte ich gedacht, daß Frostbeulen bei Schwertwalen, den Bewohnern der kältesten Meere, auftreten könnten. Sie sind ja die Tiere, die sich aufs Eis geworfen haben sollen, um Scott und seine Mitarbeiter in der Antarktis zu verfolgen, die als »Herren des Meeres« von den Eskimojägern der kanadischen Arktis gefürchtet werden, und die alles jagen, was sich rings um Grönland im Wasser bewegt. Trotzdem zweifelte ich nicht daran, daß diese Schwertwale Frostbeulen hatten, was man noch nie bei freilebenden oder gefangenen Walen beobachtet hatte. Ich mußte die anderen, die noch am Leben waren, untersuchen und sehen, was sich für sie noch tun ließ, je nach ihrer Verfassung. Meine langen Unterhosen mußten eben nochmals warten.

Jon fuhr mich nach Saedyrasafnid zurück. Ich beschloß, erst meine Untersuchungen vorzunehmen, bevor ich mit ihm über die Frostbeulenfrage sprach. Das Becken war inzwischen abgelassen worden, und die drei Wale lagen in metertiefem Meerwasser auf dem Sandboden. Ich borgte mir Fischerwatstiefel aus, kletterte die Leiter hinunter und ging zwischen den Walen umher, die friedlich dalagen und Dampf in die eisige Abendluft bliesen. Die Wände des Beckens schützten mich vor dem wütenden Wind, aber das kalte Wasser ließ meine Knie zittern, als ich mich im Licht der Bogenlampen über die Tiere beugte. Ich prüfte bei jedem den Atemgeruch; zwei hatten den normalen, süßlichen, kuhähnlichen Geruch, der Atem des dritten war unangenehm. Alle Wale wiesen dieselbe schwerbeschädigte Haut auf wie das eingegangene Tier. Wenn sie den langen Rücken streckten, klafften die Risse beängstigend. Normalerweise hat der Schwertwal eine kühle Haut, aber bei diesen Tieren fühlten sich die dicken Gewebewülste unnatürlich kalt und hart an. Das lebende Gewebe war erfroren, abgestorben. Der springende Punkt war jedoch, daß das abgestorbene Fleisch immer noch mit einem lebenden Körper verbunden war. Wie sollte das weitergehen?

Mit dem Stethoskop horchte ich Lungen und Herz ab. Ich stellte nur bei dem Wal mit dem schlecht riechenden Atem Anzeichen einer beginnenden Lungenentzündung fest. Ich hielt dann ein Glasplättchen mit Nährlösung über sein Atemloch und wartete, bis er Bakterien auf das Plättchen geblasen hatte, die ich im Laboratorium kultivieren und analysieren lassen wollte. Merkwürdig, dachte ich, während ich meine tauben Beine an den Kopf des Mörderwals preßte, vor gar nicht so langer Zeit schwamm dieses Tier mit seinen vier Dutzend gefährlichen Zähnen frei im Meer und hatte dabei nichts anderes im Sinn, als einem Blauwal geradewegs ins Maul zu fahren und seinem Opfer ein fünfzig Pfund schweres Stück der Zunge abzubeißen; doch hier stehe ich als ein ganz appetitlicher Happen, und es zeigt nicht die geringste Angriffslust.

Zum Schluß bat ich Jon und Gunnar, herunterzukommen und die großen Schwanzflossen der Wale übers Wasser zu halten, damit ich Blutproben entnehmen konnte. Während sie ihre Watstiefel anzogen, machte ich mich daran, das Geschlecht der Wale zu bestimmen. Noch nie hatte ich die Hand in so bitterkaltes Wasser getaucht. Nachdem ich kaum eine halbe Minute lang an dem einen Wal herumgetastet hatte, war der Kälteschmerz so schneidend und meine Finger so klamm, daß ich es aufgeben mußte.

Im Gegensatz zu Delphinen, die sich gegen Stiche wehren, ließen diese Schwertwale die Blutentnahme lammfromm über sich ergehen, ohne auch nur mit der Flosse zu zucken. Da ich mit der Behandlung des lungenkranken Tieres sofort beginnen wollte, holte ich aus meiner Tasche eine der besonderen Spritzen für Wale und machte ihm eine intramuskuläre Trimethoprim-Injektion. Die Hautwunden mußten dick mit Dermobion eingeschmiert werden, einer Salbe, die es nur in England gab. Ich wollte Hanne telefonisch bitten, mir mehrere Kilos mit dem nächsten Flugzeug zu schicken. Inzwischen begnügte ich mich mit einer Mischung aus Sulfonamiden und kosmetischer Tagescreme, die ich in die Risse einrieb.

»Das Becken kann wieder gefüllt werden. Gehen wir, ich habe noch allerlei zu tun«, sagte ich, als ich die vorläufige Behandlung beendet hatte. Wir kletterten die Leiter hinauf, und Jon drehte die Wasserpumpe an.

Wir begaben uns ins Hotel Loftleidir, nach meinem Dafürhalten der angenehmste Aufenthaltsort in Island. Hier kann man nicht nur telefonieren und telegrafieren, sondern auch mit ein paar Schritten zum Flughafen gelangen, außerdem dreißig verschiedene Heringsgerichte essen und in heißem Thermalwasser baden.

»So, Herr Doktor, nun lassen Sie mich hören, was Sie von der ganzen Sache halten«, sagte Jon, als wir uns bei Brennevin und Fisch niedergelassen hatten.

»Es handelt sich um Perniones«, erklärte ich. »Um nicht mehr und nicht weniger als den chronischen Frostschaden, den Sie als isländischer Seefahrer sicher kennen.«

»Wie ist das möglich? Bei Schwertwalen, die im kältesten Wasser und unter den schlimmsten Witterungsverhältnissen leben!«

»Es dürfte Ihnen aufgefallen sein, daß lediglich die Haut an den oberen Körperteilen angegriffen ist, sozusagen über der Wasserlinie.«

»Ja, das stimmt.« Er machte ein verwirrtes Gesicht.

»Für mich besteht kein Zweifel, daß wir es mit Perniones zu tun haben«, fuhr ich fort, »aber nicht das kalte Wasser bewirkte die Geschwüre, sondern die Luft.«

»Wie meinen Sie das?«

»Meerwasser gefriert nicht, wenn die Lufttemperatur unter null Grad sinkt. In flüssigem Zustand ist es niemals so kalt, daß es der Haut eines agilen Waltiers schadet. Die Tiere haben ein vorzügliches Wärme-Austauschsystem – ähnlich einer Zentralheizung –, das die Temperatur des ganzen Körpers regelt.«

»Aber wieso bekommen die freilebenden Schwertwale nördlich des Polarkreises keine Frostbeulen? Dort ist die Luft doch viel, viel kälter.« Jon schüttelte verwundert den Kopf.

»Meiner Meinung nach müssen Ihre Wale hier etwas erlebt haben, das den freilebenden im Norden nicht zustoßen kann, etwas Außergewöhnliches.«

»Was denn?«

»Das ist mir selbst nicht klar, eigentlich müßten Sie es wissen. Erzählen Sie mir bitte einmal, wie das Wasser war, kurz bevor Ihnen die Anomalität der Haut auffiel.«

Jon überlegte eine Weile. Dann erstattete er sorgsam Bericht. In der Woche zuvor hatte eine Kälte geherrscht, wie man sie hier seit 1918 nicht mehr erlebt hatte. Gleichzeitig hatte es geschneit und ein schneidender Wind hatte unaufhörlich geheult. Die rauhe See hatte die Rohrleitung zu den Walbecken beschädigt, die Wasserzirkulation war zusammengebrochen und das Wasser in den Becken war kälter geworden als das Meer.

»War das Becken zu dieser Zeit randvoll?« fragte ich.

»Ja, wir füllen es immer ganz, damit die Wale das größtmögliche Volumen haben.«

Allmählich formte sich vor mir ein klareres Bild von der Erfrierungsursache. »Und als das Pumpsystem nicht funktionierte, geschah etwas, das ich noch nie gesehen habe«, erzählte er weiter. »Der Schnee, der in das Wasser fiel, schmolz nicht, sondern bildete auf der Oberfläche gewissermaßen einen Matsch, mehrere Zentimeter dick. Er lag überall außer in der Mitte, wo sich die Wale aufhielten.«

Das war es, war die vollständige Erklärung. »Hat denn niemand den Matsch entfernt?« erkundigte ich mich.

»Das ereignete sich in der Nacht«, antwortete er. »Am Morgen wurde er sofort zerdrückt, ich half selbst dabei mit.«

Im offenen Meer bekommen die Wale keine Frostbeulen, weil sie meistens unter Wasser sind, und wenn sie zum Atmen auftauchen, bleiben sie nur ganz kurze Zeit an der Oberfläche; zudem wird die exponierte Haut von den Wellen ständig feucht und verhältnismäßig warm gehalten. Bei Jons Walen hatte sich eine gefährliche Kombination von Faktoren ergeben – ein randvolles Becken, in dem die Wale einem eiskalten Luftstrom ausgesetzt waren, und ein sehr begrenzter schneefreier Raum in der Mitte des Beckens, wo sie keine Bewegung hatten. Der scharfe Wind vom Meer her hatte die Haut ausgetrocknet, und die Hautzellen waren abgestorben. Das setzte ich Jon im einzelnen auseinander, und wir besprachen, wie sich eine solche Katastrophe künftig verhindern lassen würde.

»Kein volles Becken mehr«, sagte ich. »Allein vierzig bis fünfzig Zentimeter Wand über der Wasseroberfläche schützen schon vor der Wirkung des kalten Winters. Am besten wäre es, ein Holzdach zu bauen.«

Die Frage war nun, was mit den drei Schwertwalen geschehen sollte. In ihrem jetzigen Zustand waren sie unverkäuflich, aber es wäre grobe Fahrlässigkeit gewesen, sie sofort in den Ozean zurückzuversetzen. Wir beschlossen, alles zu tun, was in unseren Kräften stand, um sie vorher zu heilen.

Jon brachte die Blutproben nach Reykjavik in die Tierklinik, und da ich nichts mehr zu tun hatte, nachdem Hanne von mir benachrichtigt worden war, suchte ich eine der heißen Schwefelquellen in der Nähe des Hotels auf, ließ meine immer noch kalten Beine auftauen und blickte zu dem schwarzen Himmel empor, von dem Schneeflocken zu fallen begannen.

Das Dermobion kam tatsächlich am folgenden Tag mit dem Flugzeug, aber wir hatten Schwierigkeiten mit dem isländischen Zoll. Eine dringende Lieferung zur Behandlung kranker Wale, das paßte nicht in die üblichen Einfuhrkategorien, und Gunnar Gunnarsson brauchte drei Tage, um das Medikament freizubekommen. Es ist zum Aus-der-Haut-fahren, wie bürokratisch die Zollbehörden in allen Ländern der Welt sein können, wenn es sich um Tiere handelt, deren Wohlergehen allzuoft erst an zweiter oder dritter Stelle kommt. Davon kann ich ein Lied singen. Als ich einmal an der spanischen Grenze eine Bescheinigung vorweisen mußte, daß ein Delphin drei Monate lang in seinem Ursprungsland gewesen war, wollte der Zollbeamte meine amtliche Bescheinigung, die auf neunzig Tage lautete, nicht anerkennen. Eine ganze Stunde schlug ich mich mit ihm herum; stur hielt er daran fest, drei Monate seien nicht dasselbe wie neunzig Tage, und schließlich wurde das arme Tier an seinen Herkunftsort zurückverfrachtet, wo es die verlangte Zeit absitzen mußte.

Jeden Tag machte ich den Walen Injektionen und behandelte ihre Haut. Obwohl ich im kalten Wasser jämmerlich fror, fand ich noch immer keine Zeit, mich auf die Suche nach langen wollenen Unterhosen zu machen. Die Blutproben des lungenkranken Schwertwals besserten sich allmählich; alle drei Tiere zeigten Appetit und bewegten sich lebhaft in ihrem Becken. Als ich das Dermobion endlich erhielt, rieb ich es tief in die Hautwunden ein und schützte es mit einer dicken Lanolinschicht.

Mit der Fischnahrung führte ich den Walen große Vitamindosen zu. Zu den wichtigsten Vitaminen für Meeressäugetiere gehört Thiamin (Vitamin B_2). Ein ausgewachsener Schwertwal braucht täglich ungefähr 2000 Milligramm, ein Delphin nur 300 (der erwachsene Mensch sogar bloß 1 Milligramm). Thiaminmangel führt unter anderem zu der Tropenkrankheit Beriberi. Da sie natürlich bei der isländischen Bevölkerung kaum jemals auftritt, hatte ich Mühe, Thiamintabletten für die Wale aufzutreiben. Wenn es mir überhaupt gelang, waren es immer nur Tabletten, die nicht mehr als ein Milligramm enthielten. Um den Walen die täglich benötigten 2000 Milligramm Thiamin und zahlreiche andere Vitamine zuzuführen, rief ich Marty Dinnes in Kalifornien an, worauf er mir spezielle Vitamintabletten für Wale schickte. Wieder verzögerte die Zollfreigabe die Behandlung um einige Tage.

Endlich, nach zweiwöchiger sorgsamer Behandlung, waren die drei Schwertwale innerlich und äußerlich geheilt. Die häßlichen Narben und Hautvertiefungen auf ihren Rücken machten es unmöglich, sie einem Delphinarium in Europa oder in den Vereinigten Staaten zu übergeben. Sie wurden also freigesetzt. Eines Abends ließen Jon und seine Leute das Wasser im Becken zum letztenmal ablaufen, trieben die folgsamen Wale in Juchtestroppen, die mit weichen Wolldecken gepolstert waren, und hißten sie mit einem Kran aus ihrem Becken. Die Tiere wurden in lange Kisten verladen und auf einem Lastwagen zu dem Fangboot befördert, das sie im Hafen von Hafnarfjördhur erwartete. Jon fuhr mit dem Boot über die Zwanzig-Meilen-Grenze aufs Meer hinaus und senkte die drei Schwertwale dann vorsichtig ins Wasser. Sowie sie von den Stroppen befreit waren, machten sie mit den Schwanzflossen ein paar kräftige Schläge, tauchten und verschwanden außer Sichtweite der Schiffslichter.

Am folgenden Morgen erblickten die Einwohner von Hafnardfjördhur im Hafen drei Schwertwale, die von einem Fischerboot zum andern schwammen und um Nahrung bettelten. Obwohl die isländischen Fischer diese gefräßigen Tiere, die ihnen manchmal sogar den Fang aus den Netzen stehlen, nicht gerade besonders lieben, tat keiner diesem Bettlertrio etwas zuleide. Einige warfen ihnen sogar einen Eimer voller Heringe zu.

Besorgt teilte mir Jon diese Nachricht mit, die ja die Frage aufwarf, ob die drei als Unratfresser im Hafen bleiben würden. Hatten sie durch die monatelange Gefangenschaft und die regelmäßige Ernährung mit toten Fischen die Fähigkeit verloren, sich ihre Nahrung zu erjagen? Wir vereinbarten, daß Jon der Bevölkerung von Hafnarfjördhur dringend ans Herz legen sollte, den drei Schwertwalen keinen einzigen Bissen mehr zu geben. Die nächsten vierundzwanzig Stunden waren schwer für die weichherzigen Leute in Hafnarfjördur. Es war, als würde von ihnen verlangt, den Bettelaugen eines Hundes zu widerstehen, der um ein Stückchen Schokolade oder einen Bissen vom Tisch fleht, nur mit dem Unterschied, daß es gleich drei waren.

Die Wale drehten sich auf die Seite und wandten den Fischern ihre großen dunklen Augen zu. Sie kamen zum Kai hergeschwommen, wo die Männer ihre Netze flickten und öffneten das Maul, wobei sie wie Schweinchen quiekten. Sie folgten im Wasser anderen, die ganz Blöcke eingefrorener Heringe am Kai entlang treidelten. Den Einwohnern von Hafnarfjördur gelang es, ihr Herz zu verhärten, und alle widerstanden der Versuchung, zufällig einen Fisch ins Meer fallen zu lassen.

Als es dunkel wurde, schwammen die Wale immer noch bettelnd um die Fangboote herum, doch als der Morgen graute, waren sie verschwunden. Sie wurden nie wieder gesichtet. Ich stelle mir gern vor, daß sie sich während der Nacht in ihrer rätselhaften

Sprache über die Launenhaftigkeit der Menschen unterhielten und übereinkamen, daß sie besser daran täten, sich nach Grönland aufzumachen, wo ihrem Gefühl nach zu dieser Jahreszeit die großen Heringsschwärme sein würden. Ich will und muß glauben, daß diese drei Schwertwale mit ihren Narben irgendwo weit entfernt vom Land immer noch schwimmen, jagen, springen und tauchen und sich ihres Lebens freuen.

Nach meiner Rückkehr aus Island erfuhr ich, daß der Greenpeace-Verband mit Publikationen den Schwertwalfang der Isländer angegriffen hatte. Die Tierschutzleute hatten die Tatsachen grotesk verdreht und mit Fotografien gearbeitet, die mein Trio nach der Anwendung der Spezialsalbe zeigten. Die grünen und weißen Salbenflecken wurden als kranke Hautstellen gedeutet. Die Tierschützer wiederholten diesen Fehler mehrmals und behaupteten sogar, die Lanolinmischung, mit der der Körper aller gesunden Meeressäugetiere beim Transport geschützt wird, seien Frostbeulen.

Wir haben uns immer bemüht, einen Zusammenstoß mit Greenpeace und ähnlichen Verbänden zu vermeiden, wenn es um die Frage der Delphinarien geht. Ich kann mit den Extremisten nicht einiggehen, die sie mit viel Lärm, aber erstaunlich geringen wissenschaftlichen Kenntnissen kritisieren.

Das wilde Gerede von Delphinen, die »infolge einer Psychose durch die Gefangenschaft Selbstmord verübt haben«, ist barer Unsinn. Es kann zwar vorkommen, daß junge Delphine bei der Gefangennahme den Atem anhalten und sich auf diese Weise selbst umbringen, aber bei neunzig Prozent der Meeressäugetiere, die in europäischen Delphinarien verendet sind, haben Andrew und ich anhand einer sorgfältigen Autopsie eine pathologische Todesursache festgestellt.

In bezug auf die drohende Ausrottung der großen Waltiere unterstütze ich die allgemeine Linie von Greenpeace voll und ganz. Kurz vor dem Fall der erkrankten Schwertwale in Island rief mich ein Greenpeace-Vertreter aus London an und fragte nach meiner Meinung über einen Plan, mit dem man gegen den japanischen Walfang vorgehen wollte. Es ging darum, harpunierten Walen mit einem Narkosegewehr eine Lösung zu injizieren, die radioaktive Isotopen enthielt. Die radioaktive Verseuchung würden den Kadaver unverkäuflich machen und sollte auch eine starke symbolische Geste den Japanern gegenüber sein, die zusammen mit den Russen die Wale auf unverantwortliche Weise dezimieren. Greenpeace interessierte sich außerdem für die Möglichkeit, schmerzstillende oder euthanasierende Mittel auf sterbende harpunierte Wale abzuschießen.

Die Vorschläge hatten etwas für sich. Die Sache mit den Isotopen gefiel mit allerdings nicht, in dieser Hinsicht sah ich zahlreiche Probleme, als Ersatz schlug ich weibliche Hormone vor, die zudem billiger zu stehen kommen würden. Ich erinnerte mich des Aufsehens, das es einige Jahre zuvor in Deutschland und in den Vereinigten Staaten gegeben hatte, als ruchbar wurde, daß man Küken sterilisierte und dadurch ihr Wachstum vorantrieb, indem man sie mit Östrogen stopfte. Es hieß damals, Männer, die diese Kapaune essen, würden verweiblicht. Ich konnte mir vorstellen, daß die japanische Öffentlichkeit in ebensolchen Aufruhr geraten würde, wenn sie erfuhr, daß ihnen diese Gefahr nun durch Walfleisch drohte. Injiziertes Östrogen ließ sich weder neutralisieren noch auswaschen oder auskochen. Was den humanen Vorschlag betraf, den Todesqualen eines Wales ein schnelles Ende zu machen, so konnte ich leider nicht dienen, da höchstens eine Handgranate in Frage gekommen wäre. Es gab weder ein Mittel, das bei diesen großen Tieren schnell genug gewirkt hätte, noch eine Spritze, die das notwendige Volumen hätte fassen können. Mit dem Narkosegewehr kann man höchstens 20 cc abfeuern. Vielleicht wird sich das eines Tages ändern.

Nach der Heimkehr aus Island taten mir die Knie weh, und bei jedem Schritt hatte ich das Gefühl, Sand unter der Kniescheibe zu haben. Hanne war sehr böse, als sie hörte, daß ich mir keine langen wollenen Unterhosen gekauft hatte, und mein Osteopath stellte eine chronische Gelenkentzündung fest, die wahrscheinlich nie heilen und mich stets an meinen ersten und hoffentlich letzten Pernionesfall bei Schwertwalen erinnern würde.

Ich war noch keine vierundzwanzig Stunden zu Hause, da wurden mir alle Gedanken an Waltiere durch einen anderen dringenden Fall aus dem Kopf geschlagen: Liliana rief mich aus Madrid an. Chang-Chang, das Pandamännchen, sei zusammengebrochen und halb bewußtlos. Ob ich sofort kommen könne?

Ich studierte sofort den Flugplan. Die nächste BA-Maschine nach Madrid ging in einer Stunde. Es ist nicht besonders schwierig, eine Einladung zum Abendessen abzusagen, doch wenn man denselben Leuten zum zweitenmal absagen muß, noch dazu so spät, daß ihnen kaum Zeit bleibt, ihre Pläne zu ändern, frage ich mich doch, was unsere Gäste sich denken müssen, wenn sie beim Empfang zu hören bekommen: »David ist in Spanien bei einem Panda«, oder: »Er muß ein Flußpferd kurieren, kommt aber nächste Woche zurück.« Hanne weiß mit solchen Dingen fertig zu werden, und nie machte sie mir Vorwürfe.

Ich bestieg das Flugzeug in letzter Minute, gurtete mich an und dachte über Lilianas kurze Nachricht nach. Zusammengebrochen und halb bewußtlos, hatte sie gesagt. Sonderbar. Von Löwen oder Bären hatte ich so etwas nie gehört. Gewöhnliche Tiere ziehen sich gewöhnliche Leiden zu, aber kostbare, seltene Tiere bereiten Schwierigkeiten. Wenn es einem Menschen gelingt, das Ungeheuer von Loch Ness zu fangen und in einem Tiergarten zur Schau zu stellen, wird seine erste Krankheit bestimmt von einem wenig bekannten Erreger verursacht, der sonst nur bei einem Pygmäenstamm am Umbagumba im Kongo vorkommt und der gegen alle bekannten Heilmittel resistent ist. Auf keinen Fall wird Nessie eine Entzündung durch Streptokokken haben, die sofort Reißaus nehmen würden, wenn man Nessies Nahrung, woraus sie auch immer bestehen mag, eine Penicillinpille beifügte. Die Götter lächeln den Pferdedoktoren nicht ...

Ich tappte im dunkeln. Ich konnte nur hoffen, daß der Zusammenbruch nicht von einem Herz- oder Hirnschaden herrührte. Typisch mein Pech, dachte ich, der erste Notfall bei einem Großen Panda würde vielleicht mein letzter sein.

Die zweistündige Flugzeit kam mir unendlich lang vor. Ich sprang als erster aus der Maschine und passierte als erster die Paß- und Zollkontrolle. Zum Glück erwischte ich sofort ein Taxi. Eine knappe halbe Stunde nach der Landung betrat ich den Zoo. In meiner Sorge, zu spät zu kommen, rannte ich zum Pandahaus. Alle, die irgendwie mit den Pandas zu tun hatten, waren hier in der Küche versammelt. Ich musterte sofort die Gesichter; daran ist mit einem Blick zu erkennen, ob das Schlimmste geschehen ist. Alle Gesichter waren ernst, verrieten aber Erleichterung, als ich erschien.

Die schicksalsergebene Niedergeschlagenheit, die jeweils den Tod eines Patienten anzeigt, war nicht zu erkennen. Chang-Chang lebte also noch. Ich hielt die Begrüßung so kurz wie möglich und erkundigte mich nach Chang-Changs Ergehen.

Dr. Celma, die biologische Leiterin des zoologischen Gartens, antwortete: »Er schläft die ganze Zeit tief und fest. Zwischendurch regt er sich ein bißchen, fällt aber gleich wieder zusammen. Er hat seit vierundzwanzig Stunden nichts gefressen.«

Ich äugte durch das Beobachtungsfenster in der Tür in Changs-Changs Schlafkammer. Er lag auf seiner Holzpritsche, ein regloser Fellharlekin; er hätte gut einer der lebensgroßen Plüschbären sein können, die zu Weihnachten von Warenhäusern und Spielwarengeschäften angeboten werden.

»Kann ich hineingehen?« fragte ich Antonio-Luis, der das Tier am besten kannte. Er hatte die Pandas selbst in China abgeholt und sogar einige Brocken Chinesisch gelernt, um ihnen die Eingewöhnung zu erleichtern.

»Gewiß. Sie können ihn sicher auch berühren, wenn Sie wollen. Er schläft ja tief.«

Ich ging vorsichtig hinein. Der Panda schlief nicht nur tief, er schnarchte sogar. Ich berührte ihn sachte. Obwohl er überhaupt nicht reagierte, vergewisserte ich mich, daß mein Fluchtweg offen war, für den Fall, daß er doch plötzlich zu sich kommen sollte. Ich war einmal von einem Jaguar gebissen worden, der »seit zwei Tagen im Koma lag, wirklich, Herr Doktor!« Ich tastete nach der Oberschenkelarterie; der Puls war kräftig und regelmäßig. Als ich seinen Bauch befühlte, seufzte er tief und schnarchte dann weiter. Ich horchte mit dem Stethoskop Herz und Lungen ab – zum erstenmal bei einem Panda –, der Befund schien ganz normal zu sein. Seine Ohren fühlten sich kühl an; sie zuckten, als ich sie innen kitzelte, also war er nicht eigentlich bewußtlos. Ich streichelte seinen Hals und arbeitete mich mit der Hand an seine Schnauze heran. Behutsam klappte ich zuerst die Oberlippe, dann die Unterlippe auf; das Zahnfleisch hatte eine gesunde rosa Farbe. Ich befühlte den Unterleib, der ganz gelockert war, keine Knoten oder Verspannungen. Nur eine Untersuchung blieb mir noch: Es galt, seine Temperatur zu messen. Wenn etwas diesen unnatürlichen Schlaf stören konnte, dann war es diese Maßnahme. Nichts geschah, als ich ihm das Thermometer in den After steckte. Eine Minute später las ich die Temperatur ab: 39° C. Vermutlich war das normal, aber damals kannte man die normale Körpertemperatur des Großen Pandas noch nicht; denn Pandas gehören nicht zu den Geschöpfen, die sich gern einen Gegenstand in den Körper stecken lassen.

Abgesehen von dem Schlafzustand lag nichts Ungewöhnliches vor, aber was war bei diesem Tier das Übliche?

»Kein Durchfall, kein Erbrechen oder sonst etwas Ungewöhnliches?« fragte ich Liliana.

»Gar nichts.«

»Und er hat sich vorher ganz normal benommen und gefressen?«

Sie bejahte.

Genau das hatte ich befürchtet: Ich ahnte nicht, was dieser sonderbare Schlaf zu bedeuten hatte. »Sind Sie sicher, daß er nichts Ungewohntes zu fressen bekommen hat, nichts Neues?«

»Ganz sicher.«

Ich bat um Einsicht in das Tagebuch, das von den Pandawärtern geführt wurde. Alles wurde immer genau eingetragen: Nahrungsmenge, Körpergewicht, Umweltbedingungen und klimatische Verhältnisse. Vielleicht fand ich hier einen Hinweis auf eine Nahrungsmittelvergiftung oder eine allergische Reaktion. Ich begann beim Datum von vor einer Woche und ging Seite um Seite durch. Lauter Spalten mit sauber eingetragenen Zahlen. Soundsoviele Liter Milch, soundsoviele Kilo Bambus, Cerealien und Früchte. In der Spalte »Bemerkungen« stand manchmal: »Wetter zu heiß. Hielt sich lieber im Schatten auf«, oder: »Sehr lebhaft zwischen 10 und 12 Uhr.« Nichts Bedeutungsvolles. Dann gelangte ich zum vorgestrigen Tag. Hier lautete der Eintrag unter »Bemerkungen«: »Mittel gegen Würmer.«

»Was soll das?« fragte ich. »Wurmtabletten?«

Liliana nickte. »Ja, wir gaben beiden ein Mittel gegen Würmer.«

»Warum?«

»Ein Wärter hatte im Kot des einen Pandas einen Wurm entdeckt.«

»Sind Sie sicher, daß es ein Parasit war, nicht irgendein Wurm von draußen, aus dem Gras?«

Bei meinem ersten Besuch hatte ich Kotproben nach England mitgenommen, aber im Laboratorium war kein Zeichen von einem Eingeweidewurm gefunden worden.

»Wir wollen sichergehen. Wir gaben mit der Nahrung Piperazin.«

Liliana zeigte mir das Fläschchen mit den Piperazintabletten, mit denen man in fast allen Ländern Hunde und Katzen entwurmt. Die Dosis war stark gewesen, genug für eine Dänische

Dogge von gleichem Gewicht. Ich machte mir so meine Gedanken. Piperazin wurde seit Jahren mit ausgezeichneten Ergebnissen bei Haustieren angewendet. Ich selbst hatte damit die besten Erfahrungen gemacht, ich konnte mich keines Fehlschlags erinnern, höchstens daß hin und wieder ein Tier das Mittel erbrochen hatte. In den Fachbüchern war es als ungiftig und ohne Nebenwirkungen aufgeführt, sogar eine Überdosis richtete keinen Schaden an. Allerdings verabreichte ich es exotischen Tieren ungern, da waren mir in letzter Zeit doch Zweifel gekommen. Von Matt Kelly hatte ich erfahren, daß Löwen, die ich mit Piperazin entwurmt hatte, vierundzwanzig Stunden lang wie »betrunken« gewesen seien. Damals hatte ich Matts Bericht angezweifelt, denn bei Zirkuslöwen war so etwas nie vorgekommen. Mein Glaube an die Unschädlichkeit der Wurmkur geriet dann aber doch ins Wanken, als mir das Gerücht zu Ohren kam, ausgewachsene Löwen seien nach der Verabreichung von Piperazin eingegangen. Aus den Vereinigten Staaten wurde gemeldet, Seelöwen vertrügen das Mittel nicht, und ich wußte, daß eine Überdosis bei Menschen dem Nervensystem schadete.

Ich war sicher, die Ursache von Chang-Changs Stupor gefunden zu haben. Anscheinend zeichneten sich Pandas unter anderem dadurch aus, daß sie Piperazin nicht vertrugen. Jetzt mußte ich mir die Behandlung überlegen. Ein neutralisierendes Mittel gab es nicht. In der Fachliteratur fand sich kein Hinweis. Ich erkundigte mich telefonisch beim Toxikologischen Institut, und erst nachdem ich den Toxikologen hatte überzeugen können, daß es sich bei dem vergifteten Panda nicht etwa um einen Scherz handelte, gab er mir den Rat, die Körperfunktionen mit allen verfügbaren Mitteln aufrechtzuerhalten.

Shao-Shao, das Pandaweibchen, das dieselbe Dosis erhalten hatte, zeigte keinerlei Nebenwirkungen. Vielleicht war Chang-Chang überempfindlich gegen das Präparat, oder seine Leber hatte Mühe mit der Verarbeitung. Ich entschied mich für die Lebertheorie, und gleichzeitig beschloß ich, Gehirn und Nervensystem durch eine starke Zufuhr von Vitamin B anzuregen. Ich füllte eine Spritze mit der goldbraunen Flüssigkeit und injizierte sie dem schlummernden Panda ins Bein. »Weiter nichts«, sagte ich. »Nur eine Nachtwache.« Wir machten alle ein düsteres Gesicht.

Nach einem Meinungsaustausch mit den Spaniern gingen wir auseinander; Antonio-Luis und einer der Pandawärter übernahmen die Nachtwache. Die Spannung würde bleiben, bis ersichtlich wurde, was für ein Schicksal Chang-Chang beschieden war. Ich war müde und gleichzeitig übernervös. Ich ging sofort in mein Hotel; ich wollte Andrew anrufen und mit ihm, sofern ich ihn erreichte, den Fall besprechen, um mein Herz zu erleichtern.

Im Morgengrauen war ich schon wieder auf den Beinen und begab mich sofort zur Casa de Campo. Die seltsam altmodischen Häuser mit ihren schönen Blumenkästen, die an die hängenden Gärten von Babylon denken lassen, hoben sich vom grauenden Himmel ab.

Im Zoo stolzierten Kraniche über die stillen Wege und betrachteten die Käfigtiere mit dem Interesse frühaufgestandener Zoologiestudenten. Neugierige Präriehunde scharrten vor ihren Bauten im Boden. Der frühe Morgen ist die beste Zeit für einen Rundgang im Zoo. Die Tiere wirken viel natürlicher, als ob sie sich nicht verpflichtet fühlten, vor den gaffenden Primaten auf der anderen Seite des Gitters oder des Grabens eine Schau abzuziehen. Die Poseure, die Angeber und auch die Mauerblümchen sind locker und entspannt, bevor die Besucherscharen herbeiströmen.

Obwohl ich vom Hotel aus telefonisch angefragt hatte, ob sich Chang-Changs Befinden etwa verschlechtert hätte, war mir bange zumute, als ich durch das desinfizierende Fußbad vor dem Eingang des Pandahauses stapfte. »Buenos dias«, rief ich und eilte durch den dunklen Gang. Mein Gruß war gezwungen fröhlich.

Antonio-Luis steckte sein rotes Gesicht aus der Küchentür. Sein müdes Lächeln war dennoch strahlend. »Muy buenos dias! Alles ist gut. Chang-Chang ist wach. Horchen Sie!«

Ich blieb lauschend stehen. Ein quengelndes Miauen war hinter der Tür des Pandamännchens zu hören. Ich stürzte zum Guckfenster. Chang-Chang ging gereizt in seiner Schlafkammer herum, offensichtlich verärgert über die schlechte Bedienung; er wollte sein Frühstück haben.

»Mo-mo, mo-mo.« Ich gurrte das chinesische Wort, das, wie Antonio-Luis mich gelehrt hatte, bei solchen Gelegenheiten angebracht war.

Der Panda blickte auf, wachen Auges und erwartungsvoll, und ich hätte vor Freude jauchzen können. Er war genesen.

Er stürzte sich auf den Napf, der Milch, Ei und Haferbrei enthielt. Blitzschnell hatte er ihn geleert und bettelte miauend um mehr. Ob die Injektion ihn geheilt hatte oder nicht, werden wir nie wissen. Möglich, daß sie die Nebenwirkung des Piperazins spontan zunichte gemacht hatte. Aber was zählte das schon! Wir hatten unseren ersten kranken Großen Panda durchgebracht.

Vergnügt wie ein Schneekönig packte ich meinen Koffer. Aber vor der Abreise traf ich mit meinen spanischen Kollegen eine unumstößliche Vereinbarung: Nie wieder durfte den Pandas ein Medikament – nicht einmal ein halbes Aspirin – ohne meine Einwilligung verabreicht werden. »Denkt daran, daß Penicillin für das anspruchslose Meerschweinchen tödlich ist«, ermahnte ich sie. »Wer weiß, was für gefährliche Reaktionen bei Pandas auftreten könnten. Ein anderes Mal hätten wir vielleicht weniger Glück als heute.«

7

Die Tiere der Wildnis sind nicht immer so sauber, kuschelig oder ästhetisch, wie es sich der Zoobesucher wünschen würde. Ja, ich habe mir schon oft Gedanken gemacht, ob es nicht angebracht wäre, das Publikum zu gegebener Zeit durch Anschläge über biologische Tatsachen aufzuklären. Antilopen, die noch mehrere Stunden nach dem Kalben die Plazenta hinter sich herschleppen, und Flußpferde, die manchmal roten Schweiß treiben, so daß sie zu bluten scheinen, rufen immer wieder Beschwerden hervor, die von eifrigen Zoobesuchern entrüstet geäußert werden. Ich bin ganz dagegen, daß man Tiere, die ihr normales Leben führen, unter solchen Umständen den Augen der Öffentlichkeit entzieht; die Menschen sollen die Tiere kennenlernen, wie sie wirklich sind. Das gilt auch für Tiere, die sich paaren.

Die meisten Zoodirektoren erhalten Beschwerdebriefe von Leuten, die es unanständig finden, daß sich Zebras, Löwen und Affen öffentlich paaren dürfen, noch dazu in Anwesenheit von Kindern. Oh, sie sollten einmal selbst versuchen, die Zebras, Löwen und Affen davon abzuhalten!

Die Kehrseite der Medaille ist die ungesunde Faszination, die die Paarung großer Tiere auf manche Menschen ausübt. Im Zoo Bellevue zieht die Kopulation der Flußpferde im Wasser immer scharenweise Damen mittleren Alters an, die meistens so tun, als wüßten sie nicht, was da vor sich geht, aber den ganzen Nachmittag am Becken der Flußpferde bleiben und ihrem »entzückenden Spiel« zuschauen. Der einsame männliche Besucher im schmutzigen Regenmantel bevorzugt die Vorstellung des recht gesegneten Tapirs oder des lustigen Schlankäffchens, das eine Vorliebe für Damen mit hübscher Figur hat, sie flehentlich heranwinkt und dann, wenn sie die Hand ausstrecken, um das niedliche Äffchen zu streicheln, in Blitzesschnelle Dinge tut, die es vor Gericht und auf die Titelseite der Boulevardzeitungen bringen würden, wenn es sich das auf der anderen Seite der Gitterstäbe erlaubt hätte. Am bizarrsten von allen war der Mann, der mindestens fünf Jahre lang täglich sein Mittagessen ins Affenhaus mitnahm, um die immer gleiche Porno-Schau zu sehen, die von den Mandrillen um ein Uhr veranstaltet wurde. Ich könnte schwören, die Affen warteten mit dem Beginn, bis er sich gesetzt und seine belegten Brote ausgepackt hatte.

Ich bin zwar dafür, daß die Menschen die ganze Breite normalen tierischen Verhaltens kennenlernen sollen, aber ich muß doch Einschränkungen machen, etwa beim Gepard, der Abgeschiedenheit und Ruhe braucht, um Mut zur Paarung zusammenzuraffen; oder bei einigen Arten kurz vor dem Gebären. Es war zum Beispiel idiotisch, daß der Zoo in Mexico City den Besuchern erlaubte, seinen neugeborenen Großen Panda zu fotografieren; wie ich es vorausgesagt hatte, ging das Tierchen nach ein paar Tagen ein. Kranke oder operierte Tiere müssen manchmal vom gaffenden Publikum ferngehalten werden. In anderen Fällen aber sollten die Zuschauer – wenn's geht, wieder mit einer gedruckten Erklärung – mit eigenen Augen sehen können, mit welcher Sorgfalt und Hingabe die Tiere der Wildnis von den Wärtern und Pflegern gesund gehalten werden. Sie sollten darüber belehrt werden, daß Tiere genau wie Menschen unter Krankheiten leiden können. Vor langer Zeit, zu Beginn meiner Laufbahn, gerieten Ray Legge, der damalige Direktor des Zoos Bellevue, und ich deswegen in einen Streit mit dem Tierschutzverein.

Es war an einem Samstagabend; draußen regnete und stürmte es. Ich saß gemütlich zu Hause und hörte Radiomusik, als das Telefon läutete. Es war Ray, offensichtlich sehr erregt. »Hatte gerade einen Anruf vom Nachtwächter«, sagte er in seinem knappen, militärischen Stil. »Bei den Davidshirschen sei etwas Schreckliches passiert. Ging hin und sah mit der Taschenlampe nach, so gut es bei diesem Sauwetter eben ging. Scheint ein Auge ausgelaufen zu sein.«

»Ich bin in einer halben Stunde da«, sagte ich. »Wir treffen uns beim Gehege der Davidshirsche.«

Es kann gar nicht oft genug gesagt werden, daß Tierärzte, zumal die Betreuer exotischer Tiere, nicht in einer heilen Welt leben. Veterinärmedizin ist weder »Animal Magic« noch »Der Doktor und das liebe Vieh«. Sie hat eher etwas mit der blutigen Chirurgie auf dem Schlachtfeld gemeinsam. Vom Zauber der Tiere ist dabei keine Rede, wenn überhaupt, dann vom Zauber der Krankheitsprozesse. Der Tierarzt lebt in einer Welt wundersamer und komplizierter Maschinen, denen unsichtbare, aber mächtige Angreifer auflauern, nämlich Viren, unbekannte Erreger, giftige Moleküle, die lebenswichtige Prozesse schwächen oder unterbinden, und noch viele geheimnisvolle Schlüssel und Talismane, die darauf warten, entdeckt zu werden. Die innere Welt dieser lebenden Maschinen, die Komplexität und Raffiniertheit der Eiterzelle, die Befehlsgewalt eines einzigen, unendlich kleinen, gequälten Neutrons, Ebbe und Flut unzähliger Flüssigkeiten, der allgegenwärtige Zyklus von Leben und Tod – all das macht seine Werkstatt aus. Gebrochene Knochen, die heilen möchten, grimmige Schmerzen, die das Tier erträgt, ohne zu schreien, Geschöpfe, die keine Lebensanschauung haben können und doch wie wir Menschen leiden – um das alles geht es. Mit Streicheln und Liebkosen ist da nichts auszurichten.

Spricht man zum Beispiel von Augenverletzungen, so fühlen sich die Menschen oft unbehaglich. Man stellt sich das Auge als eine empfindsame, zarte Blase vor. Freilich, es ist ein höchst subtil konstruiertes Organ, gewissermaßen der einzige Teil des Gehirns, den man sehen kann, aber es ist auch erstaunlich zäh und widerstandsfähig. Der Arzt kann es mit Skalpell, Pinzette und Nähfaden fast genauso wie jeden anderen Körperteil behandeln; es ist kein Luftballon, der platzt und verschwindet, wenn er berührt wird. In den meisten Fällen, in denen ein Auge ausgeschlagen wird, bleibt es am Nerv hängen, und die Muskeln, denen die Bewegungen des Augapfels unterstehen, werden zwar gestreckt, bleiben aber intakt. Ich habe Dutzende von Tieren in diesem Zustand gesehen, und nur bei wenigen war die Sehkraft verlorengegangen, doch Voraussetzung dabei ist, daß sofort etwas unternommen wird.

Der Anblick eines Davidshirsches mit ausgeschlagenem Auge ist nichts für zarte Gemüter.

Der Davidshirsch nimmt unter allen heutigen Tierarten eine Sonderstellung ein. Sein eigenartiges Geweih mit den rückwärts gebogenen Enden, der ungewöhnlich lange Schwanz und seine Hufe, die ein knackendes Geräusch machen, unterscheiden ihn wesentlich von seinen Verwandten. Dieser sonderbare Sumpfhirsch wurde 1865 von dem französischen Jesuitenpater Armand David, einem hervorragenden Zoologen, im Wildpark von Nan Hai-tsu entdeckt, den der chinesische Kaiser hatte anlegen lassen.

Der Davidshirsch hat stark hervortretende Augen, die ihm ein seltsam neugieriges Aussehen verleihen. Wie bei Pekinesen und manchen Seelöwenarten, die auch solch vorstehende Augen haben, kann es geschehen, daß das Auge durch einen Schlag aus der Höhle gerissen wird.

An jenem Samstagabend standen Ray und ich in Dunkelheit und Regen am Zaun des Geheges und richteten den Lichtkegel einer Taschenlampe auf den fraglichen Davidshirsch. Vermutlich hatte er sich mit einem Artgenossen gestritten, und zufällig war ihm ein Geweihende ins Auge gefahren, das jetzt grotesk auf dem unteren Lid lag, zum Glück noch befestigt.

»Ich muß ihn sofort behandeln«, sagte ich. »Es besteht die Chance, das Auge zu retten. Sind noch Wärter da?«

Ray schüttelte den Kopf. »Kein einziger.«

»Dann müssen wir uns eben selbst helfen. Ich mache die Narkosepistole zurecht. Könnten Sie mir bitte eine Flasche flüssiges Paraffin aus dem Medizinschrank holen?«

Er stapfte durch den Regen, während ich in meinem Wagen Schutz suchte, um die Narkosepistole zusammenzusetzen. Ich füllte die Spritze mit dem Anästhetikum Etorphin, ursprünglich M99 genannt, das ich öfters benutze, seit es von Reckitt und Colman entwickelt worden ist. Ich hatte mich an den ersten Studien über die Wirkungen der neuen Wunderdroge auf exotische Tiere beteiligt. Wir hatten festgestellt, daß sie sich für Zebras, Gazellen und Gnus vortrefflich eignet, daß Elefanten und Flußpferde dagegen allergisch sind, und daß sie Tiger und Löwen in rasende Ungeheuer verwandelt, auf Affen tödlich wirken kann, Büffel reizbar macht, Yaks zum Erbrechen bringt und Krokodile nicht im geringsten beeinflußt. Kurz, so wertvoll es für die einen ist, so gefährlich ist es für Primaten (und auch für Menschen). Als Chirurgen starben, die zufällig mit einer kleinen Menge des kristallinen Präparates in Berührung gekommen waren, und andere es als schnell und schmerzlos wirkendes Selbstmordmittel benutzten, wurde man sich über die ehrfurchtgebietende Macht des Betäubungsmittels klar. Was noch schlimmer war, es konnte durch die Schleimhäute von Auge, Nase und Mund eindringen, sogar durch unsichtbare Hautschürfungen. Als die Drogenhändler in Amerika es sich zunutze machten, befürchteten wir schon, es könnte in England verboten werden. Zum Glück kam es nicht dazu, aber die Abgabe wurde einer strengen Kontrolle unterworfen, die Verwendung strikten Verordnungen. Der Packung war stets ein Gegenmittel beigegeben, und es war unter den Veterinären üblich, Etorphin nie anzurühren, ohne daß ein Kollege oder

Assistent zugegen war, der sofort das Gegenmittel injizieren konnte, falls die Nadel ausrutschte oder etwas von der Flüssigkeit danebenging, was immer vorkommen kann, wenn man Tiere behandelt. Vor vielen Jahren, vor dem ganzen Aufhebens, hatte ich Etorphin in glücklicher Ahnungslosigkeit gehandhabt, jetzt aber zitterten mir die Hände, als ich die goldene Flüssigkeit aus der Ampulle saugte. Ray Legge und andere, mit denen ich regelmäßig arbeitete, wußten, wo ich das Gegenmittel auf mir trug, und daß sie es mir sofort durch den Hosenboden injizieren mußten, sobald ich einen benommenen Eindruck machte. Es war also, gelinde gesagt, leichtsinnig von mir, die Spritze mit einem Präparat zu füllen, das einen Menschen in Minutenschnelle töten kann, wenn niemand ihm zu Hilfe kommt.

Als Ray mit dem flüssigen Paraffin zurückkehrte, stellte ich mich nahe vor dem Gehege der Davidshirsche auf. Es wäre unklug gewesen, jetzt hineinzugehen; diese Hirsche, namentlich die Spießer, waren bösartig und gefährlich. Ich richtete den Lichtkegel der Taschenlampe auf den Schultermuskel, rechnete Wind und Regen ein und drückte ab. Ich sah den Treffer und hörte die leise Explosion. Ray und ich warteten im Auto, bis der Hirsch drei Minuten später bewußtlos zusammensackte.

Ehe wir das Gehege betraten, bewaffnete sich Ray mit einem Stock, um die Tiere abzuwehren, die sich dem »Operationssaal« im Freien nähern wollten. Nichts bringt die Tiere mehr aus der Fassung, als wenn sich einer ihrer Herdengenossen unter dem Einfluß von Drogen absonderlich benimmt; sogar Rinder scharen sich neugierig-verwundert um eine betäubte Kuh. Die Tiere der Wildnis können durch ihr instinktives Mißtrauen gegen alles Ungewöhnliche dazu getrieben werden, einen bewußtlosen Artgenossen gesamthaft anzugreifen.

Ich kniete auf dem durchweichten Boden und machte mich im Schein der Taschenlampe ans Werk. Es war in jeder Hinsicht grauenhaft. Von Sterilität konnte keine Rede sein. Da das Tier vor der Betäubung nicht wie üblich einige Stunden gefastet hatte, begann der Magen seinen Inhalt herzugeben. Flüssigkeit und halbverdautes Grün drangen aus den Nüstern hervor. Ich säuberte sie, wohlwissend, daß ich mich sputen mußte, wenn der Patient nicht ersticken sollte. Ich hörte Ray in der Dunkelheit fluchen, als einer der Hirsche ihn bedrängte.

Mit schlüpfrigen Fingern schraubte ich die Flasche auf und goß freizügig flüssiges Paraffin über das dislozierte Auge und die Umgebung. Dann wischte ich behutsam Blut und Schmutz von der Hornhaut weg. Danach steckte ich die Taschenlampe in den Mund und hielt sie mit den Zähnen fest, während ich den Augapfel beleuchtete. Mit beiden Händen umfaßte ich das Auge und übte festen, gleichmäßigen Druck darauf aus. Ich dachte an meinen ersten Fall dieser Art zurück: Ein Pekinese, der einem allen jungen Tierärzten feindlich gesinnten Züchter gehörte. Er hatte einen derart üblen Mundgeruch, daß ich am liebsten das doppelte Honorar gefordert hätte. Lieber Gott, mach, daß es wieder festsitzt, betete ich, während ich immer stärker drückte, das Regenwasser mir über den Nacken hinunterfloß und meine Knie im Lehm versanken.

Plötzlich geschah, was geschehen mußte, das Auge flappte mit einem dumpfen Ton, den ich sozusagen mit den Fingern hörte, ins Schädelloch zurück. »Es ist drin!« rief ich, den Wind übertönend.

»Bravo!« antwortete Ray. »Ich glaube, ich kann die Biester nicht länger abwehren.« Sein Stecken krachte gegen Geweihe.

Nun drückte ich aus einer Tube eine ergiebige Menge anästhesierender und antibiotischer Salbe auf den Augapfel und nähte das obere und das untere Lid mit Nylonfaden zusammen. Die Zähne taten mir weh vom Festhalten der metallenen Taschenlampe. Als das Auge geschlossen war, injizierte ich Tetracyclin in den Oberschenkelmuskel des Hirsches und bat Ray, mir bei der Verabreichung des Gegenmittels zu helfen, das den bewußtlosen Hirsch in zwei Minuten wieder auf die Beine bringen würde. Ray kauerte neben mir, preßte die eine Faust an die Kehle des Tieres, damit die Fesselvene herausgedrückt wurde, mit der andern Hand umklammerte er den Stock für den Fall eines Angriffs. Mit lautem Geschrei suchte er die in der Dunkelheit unsichtbaren Hirsche zu verscheuchen.

Die Vene erschien nicht. Ich tastete im Fell des Halses herum. Das Licht der Taschenlampe wurde schwächer. »Fester drücken, viel fester!« rief ich. Zusammen kämpften wir im Dreck. Ein Hirsch trabte vorbei und bespritzte uns. Mir brach der Schweiß aus. Angenommen, wir fanden die Vene nicht ... nun, dann blieb nur der Ausweg einer langsam wirkenden intramuskulären Injektion, immerhin besser als gar nichts.

Ray stieß einen Schrei aus. »Verdammt, da hat mich doch so ein Biest in den Hintern geknufft!« Er fuchtelte mit dem Stock herum. Seine Faust rutschte am Hals des Hirsches ab, und auf einmal fühlte ich die Vene unter meinen Fingern pulsen.

»Ich hab' sie!« rief ich und stach mit der Nadel hinein. Als alles überstanden war, sprang ich auf. »Jetzt aber nichts wie weg von hier!« Wenn Tiere aus der Etorphinnarkose erwachen, geht es rasch vor sich, ohne Übergang, ohne Benebelung und andere Nachwirkungen. Da ist es am besten, sich davonzumachen, sobald das Gegenmittel injiziert ist, sonst gerät man unter Umständen in Schwierigkeiten mit einem gefährlichen Biest, das noch vor ein paar Minuten ein harmloser, willenloser Patient war.

Ein paar Sekunden nachdem das Gegenmittel das Gehirn erreicht hatte, atmete der Hirsch tief ein, hustete, um seine Kehle zu befreien, und sprang auf die Füße. Wir sahen ihn mit sicheren Schritten aus dem Licht stolzieren, und dann fuhren wir zu Rays Wohnung, wo wir duschten und uns mit Kaffee und Whisky stärkten.

Am folgenden Tag begab ich mich wieder nach Manchester, um mir den Davidshirsch anzusehen. Ich war mit ihm zufrieden. Die Augenlider waren zwar durch die Stiche geschwollen, im übrigen benahm er sich aber ganz normal. Ich glaube, kaum einem von tausend Zoobesuchern fiel der Hirsch mit dem Nelsonblick auf. Drei Tage später betäubte ich ihn abermals und nahm die Fäden heraus. Die Lider öffneten sich, und darunter saß das Auge am richtigen Platz. Ich untersuchte es durchs Ophthalmoskop; die Umgebung war blutunterlaufen, die Hornhaut zerkratzt, aber die tieferen Teile des Auges – Iris, Linse und Retina – schienen in gutem Zustand zu sein. Die Pupille reagierte auf Licht, und ich war überzeugt, daß das Auge seine Sehkraft behalten hatte. Um die antibiotische Behandlung fortzusetzen, injizierte ich eine kleine Dosis Penicillin unter die Bindehaut und rieb das Auge wieder mit anästhesierender Salbe ein. Die Prognose hätte gar nicht besser sein können; der Hirsch war unversehrt, außer daß er nun eine Narbe auf der Hornhaut hatte, die jedoch seine Sehkraft kaum beeinträchtigte und in ein paar Monaten wahrscheinlich verschwinden würde. Das erwies sich als richtig; einige Wochen später hatte er zwar immer noch eine weiße Narbe im Auge, das einzige Andenken an den Unfall in jener Regennacht, aber an der Art, wie er die Weibchen beäugte, erkannte man, daß er wieder mit beiden Augen zu sehen vermochte.

Eines Morgens fand Ray in seiner Post einen unverblümten Beschwerdebrief von dem Veterinär, der dem Vorstand des Tierschutzvereins angehörte. Anscheinend war er inkognito im Zoo gewesen und hatte den Davidshirsch mit der Augennarbe entdeckt. Ohne sich mit dem Direktor zu besprechen oder auch nur eine Erklärung zu erbitten, hatte er sich hingesetzt und den Zoo angeklagt, ein Tier mit einer Augenkrankheit auszustellen.

Ich war wütend. Hätte sich der Kerl wenigstens herabgelassen, Ray oder mich anzurufen und sich zu erkundigen, ob der Davidshirsch in Behandlung sei; das hätte uns nichts ausgemacht. Aber nachdem wir allerhand Mühe auf uns genommen hatten, um dem Tier das Augenlicht zu erhalten und zudem einen schönen Erfolg verbuchen konnten, erboste mich dieser Beschwerdebrief wirklich. Eine gute Stunde verbrachte ich damit, dem Veterinär des Tierschutzvereins gründlich den Kopf zu waschen.

Aber ich komme nun auf den Gedanken zurück, daß es wohl die Aufgabe der Zoodirektion wäre, in gewissen Fällen, eben z. B. nach Operationen, einen erklärenden Anschlag am Käfig des betreffenden Tieres anzubringen. Die Frage ist nur, was darauf stehen soll. Wie wäre es mit: »Die Direktion bittet um Verständnis für alle Unannehmlichkeiten, die dem Besucher während der Reparaturarbeiten an Tieren entstehen können ...«

Im Jahr 1979 beschlossen Andrew und ich, ein großes Spiel zu wagen und einen Assistenten zu engagieren, der uns im Mittleren Osten vertreten und seinen Hauptsitz im Nationalzoo Abu Dhabi in Al Ain haben sollte. Es erwies sich als gar nicht so leicht, den richtigen Mann zu finden. Es fehlt nicht an Veterinären, die gern mit exotischen Tieren arbeiten würden, aber das große Problem ist die Ausbildung. An manchen Universitäten existiert das Fach überhaupt nicht. Eine Ausnahme bildet Cambridge: in zwölf Semestern täglich eine Vorlesung über die Behandlung freilebender Tiere. Mag ein junger Veterinärstudent auch Gelegenheit haben, bei einem Schaf einen Kaiserschnitt oder an einem Pony eine Leitungsanästhesie vorzunehmen, wie soll man ihn auf seine erste Giraffe loslassen? In der allgemeinen Praxis mit Bauern, Hundezüchtern und Katzenfreunden ist die Behandlung des Tierbesitzers oft der wichtigere Teil der Heilkunst, wichtiger als die ärztliche Betreuung der Tiere. Wenn man sich darauf versteht, kann man sich den besten Ruf erwerben, selbst wenn man lauter Fehlschläge erzielt. Bei exotischen Tieren hingegen fallen die Ergebnisse ebenso ins Gewicht wie die Diplomatie.

Der Mann, den wir brauchten, mußte ein Musterbild sein, ein Mensch, dem das Wohlsein aller Tiere vom Affen bis zur Seekuh genauso am Herzen lag wie Andrew und mir, der gewillt und fähig war, oft allein und mit improvisierten Hilfsmitteln (oder gar keinen) zu arbeiten, sich in Araber, Levantiner, Griechen, Spanier, Afrikaner, Romanen und Teutonen einzufühlen, mitten in der Nacht aufzustehen, um einen gestrandeten Wal zu sezieren, der über eine eiserne Konstitution verfügte, Fremdsprachen soweit lernen konnte, daß er dem Mann, der ihm beim Antilopenfang half und ihn einen »dreckigen Ausländer« nannte, in dessen Sprache antworten konnte, und der sich auf dem weiten, größtenteils jungfräulichen Feld der Wildtiermedizin Millimeter um Millimeter vortastete.

Wir suchten sehr lange, doch dann hatten wir das Glück, den Richtigen zu finden. Als Chris Furley zu unserer ersten Besprechung nach London kam, trug er eine braune und eine schwarze Socke. Er war größtenteils in Afrika aufgewachsen, interessierte sich für Sprachen und moderne Literatur und sammelte Schmetterlinge. Er liebte einfaches Essen, kochte gern selbst und brannte darauf, Tiefseetauchen zu lernen. Obwohl sich seine Erfahrungen in der Wildtiermedizin auf eine kurze Praxis im Whipsnade-Park beschränkte, kannte er den Unterschied zwischen einer Dorkasgazelle und einer Spekegazelle, was man von sämtlichen anderen Kandidaten nicht sagen konnte. Uns gefiel sein vorurteilsloses Denken; die einseitige wissenschaftliche Einstellung, die von den Universitäten gefördert wird, fehlte ihm ganz. Andrew wußte sein diszipliniertes Arbeiten zu schätzen – Chris hatte die Schmetterlingssammlung der Universität Edinburgh katalogisiert –, und mich beeindruckten seine kurzgefaßte Beurteilung der Werke Hermann Hesses sowie die sonderbaren Socken; und dann war ich auch von ihm eingenommen, weil er während eines einjährigen Aufenthalts in der Bundesrepublik erstaunlich gut Deutsch gelernt hatte.

Unsere Wahl sollte sich als gut und richtig erweisen. Chris lebte sich als Tierarzt in Al Ain sehr schnell ein. Alle zwei Monate flogen Andrew oder ich für eine Woche zu ihm, zudem hatten wir täglich durch Telefon oder Telex Kontakt.

Chris nahm ein neues Narkosemodell mit, das, wie wir hofften, ein glückliches Mittelding zwischen der Kurzstreckenpistole mit geringer Antriebskraft und dem Langstreckengewehr sein würde, dessen Antriebskraft nur durch Auswechslung der Patrone geändert werden kann, was nicht einfach ist, wenn man einem leichtfüßigen Tier auf immerzu wechselnde Entfernung folgen muß. Wenn eine explodierende Spritze aus zu großer Nähe ins Fleisch trifft, kann das Ergebnis katastrophal sein. Selbst wenn die Nadeln einen sogenannten Kragen haben, der tiefes Eindringen verhindert, kann die Spritze ein zentimetergroßes Hautstück ausstanzen. Wir hatten glücklicherweise nie ein solches Mißgeschick erlebt, aber wir wußten von einem tragischen Fall, wo ein Zebra aus theoretisch richtiger Entfernung von einer schweren 15-cc-Spritze getroffen worden war. Die Spritze war nach perfektem Treffer in den rechten Oberschenkel durch den Hinterteilmuskel weitergedrungen, bis sie im Mastdarm des Zebras zur Ruhe gekommen war. Schlimm. Diese Waffen sind zur Lebensrettung da, nicht zum Töten.

Neuerdings hatte nun eine Firma in Liverpool ein vorzügliches Narkosegewehr entwickelt. Die sogenannte »Conservator« ist glänzend entworfen; sie wird zwar mit Pulver geladen, aber die Reichweite läßt sich durch ein Rädchen an der linken Seite blitzschnell ändern. Ich benutzte sie zum erstenmal, als ein Hirsch aus dem Tiergarten in Gargrave in der Grafschaft Yorkshire entwichen war. Der Flüchtling schloß sich einer Viehherde an, als die Kühe zum Melken in den Stall zurückkehrten. Nachdem der erstaunte Bauer gemolken hatte, ließ er die Kühe wieder auf die Weide, und ich betäubte den Hirsch aus nächster Nähe durch ein Stallfenster. Das Gewehr machte seine Sache sehr gut.

Auf dem Rückweg von Gargrave zu unserem nördlichen Büro in Keighley machte ich in Ilkley halt, wo Shelagh, die sich wiederverheiratet hatte, und meine Töchter jetzt lebten. Stephanie, die ältere, studierte in London Medizin, aber Lindsay, die sich in Birmingham zur Journalistin ausbilden ließ, konnte dabei sein, als ich Shelagh zum Mittagessen in einem Restaurant traf. Dann fuhr ich weiter und übernachtete bei Andrew und Linda in ihrem Heim im Worth Valley.

Es war eine andere Linda, eine Elefantenrobbe, die riesige Mengen Makrelen verschlingen konnte, die indirekter Anlaß war, das ich kurz darauf ausgerechnet von einem Fisch gebissen wurde. Der Fisch war ein zwei Kilo schwerer Barsch, was nichts ist für einen

Seebarsch, der ein Gewicht von einer Viertel Tonne erreichen kann. Er schwamm an die Oberfläche, gab mit der Schwanzflosse genügend Gas, so daß er die Stumpfnase aus dem Wasser heben konnte, und holte sich geschickt ein Stück von meinem rechten Zeigefinger. Ich riß meine Hand zurück – Blut floß mir über die Hosen – und erstarrte vor Verwunderung über diesen unerwarteten Angriff. Es war, als hätte mich plötzlich ein Kaninchen oder eine Ente ins Sonnengeflecht geboxt. Sofern man nicht mit einem Hai oder einer Barracuda unter Wasser gekämpft hat, klingt es ziemlich lächerlich, wenn man die Narbe einer solchen Wunde mit den Worten »Das hat mir ein Fisch angetan« erklärt.

Jedenfalls machte ich nicht auf den großen weißen Hai am Barriere-Riff Jagd, sondern ich stand im Aquarium Porto Christo auf Mallorca, zusammen mit dem neuen Marineland-Direktor Robert Bennett, und hatte alles andere im Sinn als ein Unterwasser-Abenteuer. Robert hatte die Elefantenrobbe Linda kürzlich gekauft, und da er richtig vermutete, daß sie trächtig war, hatte er mich kommen lassen, um sie zu untersuchen. Als das erledigt war, begaben wir uns nach Porto Christo, weil Robert auch hier meine Hilfe brauchte. Es handelte sich um einen Barsch, dessen eines Auge grotesk hervorstand, weil ein Tumor dagegen drückte. Dieses Auge hatte die Sehkraft verloren, und um an meinen Finger zu gelangen, drehte sich der Fisch im Wasser um und wandte mir sein gesundes Auge zu, bevor er zum Angriff ansetzte.

»Hahaha! Unglaublich!« schmunzelte der spanische Aquariumswärter. »So ein Schlingel! Ist komisch, was? Ich vergaß, Ihnen zu sagen, Sie sollten den Finger nicht in Panchitos Tank stekken. Er mag Fremde nicht.« Sein Bauch hüpfte vor unterdrücktem Lachen. Panchito schwamm mit Unschuldsmiene in seinem glasgeschützten Reich herum und lauerte mit dem einen Auge auf weitere Eindringlinge.

Das bösartige Geschwür wuchs schon seit mehreren Monaten in Panchitos Augenhöhle. Das Aquarium hatte den Barsch vor Jahren gekauft, als er nicht größer als ein Daumennagel gewesen war. Jetzt war er ein schönes Exemplar, von dem blinden Auge abgesehen, und da er der älteste Bewohner des Aquariums war und sich der Hochachtung aller Angestellten erfreute – sie wußten ja, daß sie die Hände von ihm fernhalten mußten –, wollte niemand, daß er als Fischköder benutzt wurde.

Der Zoo Bellevue hatte in der Blüte seiner Zeit eines der besten

Aquarien in Großbritannien besessen, und ich hatte dort öfters kranke Fische behandelt, jedoch immer unter Anleitung des Direktors Ray Legge, der ein erfahrener Aquarist war. Ich selbst konnte mich nicht als Fischspezialist bezeichnen, höchstens in bezug auf Bouillabaisse und Forelle blau. Wie Hühner werden Fische oft von Epidemien heimgesucht und bedürfen der Massentherapie. Die Diagnose wird durch Autopsie gestellt. Das Einzelwesen ist nur selten wichtig oder wertvoll, und seine Individualität verliert sich in der Berücksichtigung der wirtschaftlich bedeutungsvollen Massentherapie und gesamthaften Krankheitskontrolle. Darum habe ich mich für Hühner- und Fischheilkunde nie sonderlich interessiert. Ich liebe Einzelpatienten, setze mich für das einzelne Tier voll ein, bei dem die Autopsie, so wertvoll sie auch sein mag, erst in Frage kommt, wenn ich den Kampf mit der Krankheit verloren habe.

Panchito war nun aber ganz offensichtlich ein Original, das dieselbe Einstellung erforderte wie ein Schimpanse oder ein Davidshirsch. »Das Auge muß heraus«, sagte ich.

»Er wird sich wehren, wenn Sie ihn fangen wollen«, entgegnete der Wärter. »Er wird unter dem Messer nicht stillhalten, Señor.«

»Er muß natürlich betäubt werden«, erklärte ich. »Auch Fische fühlen Schmerz.«

Es ist heute leicht, Fische zu betäuben. Das kann mit einer Injektion gemacht werden, aber gewöhnlich fügt man das chemische Anästhetikum dem Wasser bei. Man benutzt andere Präparate als für Säugetiere und Vögel. Im allgemeinen verordne ich Benzokokain, das bei Menschen für Lokalanästhesie verwendet wird und häufig einen Bestandteil von Hustenpastillen und Gurgelmitteln bildet.

Nachdem ich das Wasservolumen in Panchitos Tank berechnet hatte, warf ich die entsprechende Menge des Anästhetikums hinein, wobei ich mich diesmal vor dem aggressiven Kämpfer in acht nahm. Zehn Minuten später lag der kriegerische Barsch bewußtlos am Boden, nur die Kiemen bewegten sich sachte. Robert fischte ihn mit einem Streichnetz aus seinem Tank, und wir legten ihn, mit dem blinden Auge nach oben, auf eine Steinplatte. Der Wärter bespritzte den Fisch ständig mit Meerwasser, um ihn feucht zu halten, und Robert hielt ihn fest. Mir blieben ungefähr zehn Minuten, bis Panchito zu sich kommen würde. In dreißig Sekunden war die Stelle mit Mercurochrom desinfiziert. Dann umstach ich die Krebsgeschwulst mit einem Skalpell. Sorgfältig darauf achtend, daß genügend gesundes Gewebe zurückblieb, operierte ich das Auge heraus und stopfte die pflaumengroße Höhle mit Gaze aus. Die Blutung war gering. Nachdem ich mich überzeugt hatte, daß absolut kein krankes Gewebe zurückgeblieben war, entfernte ich die Gaze und betupfte den Sockel mit Jod. Inzwischen hatte man einen Tank mit frischem Meerwasser gefüllt, und als ich das Zeichen gab, wurde Panchito ins Wasser zurückversetzt. Er sank mit schwachem Schnappen willenlos zu Boden. Wenn er erwachte, würde er sich in einem neuen unbekannten Heim zuerst zurechtfinden müssen, und das würde ihn erst recht blutrünstig und fingergierig machen!

Panchito erholte sich prächtig, und als er eine Woche später in seine ursprüngliche Behausung zurückversetzt wurde, wo das betäubende Wasser gründlich weggespült worden war, biß er dem spanischen Aquariumswärter die Daumenspitze ab.

»So ein Schlingel! Ist komisch, was?« sagte ich zu Robert, als er es mir am Telefon erzählte.

Wir lachten beide, aber Panchito war derjenige, der zuletzt lachte: Mein Zeigefinger entzündete sich.

8

Ich sah heut früh den Fürsten des ersten Tageslichts, den Falken,
der das Zwielicht liebt, in seinem Flug
Hoch über der Erde, dort oben, wo der Wind ihn trug.
Wie stieg er ekstatisch auf schlagendem Flügel,
Wie hielt er sich dennoch immer im Zügel,
Dann weiter und weiter gelind und geschwind,
Wie der Schwanz eines Drachen trotzt er dem Wind
Und zieht seine Kreise. Ein Vogel rührt mich, daß ich zerspringe.
Welch eine Leistung! Welch Meister der Dinge!

Diese Zeilen von Gerard Manley Hopkins gingen mir durch den Kopf, als ich zuschaute, wie der Jagdfalke Kaschmuk am rosaroten Morgenhimmel segelte und dann wie ein schwarzer Stein auf eine Beute niederstieß. Der erste Atemzug des warmen Windes streifte mein Gesicht. Rechts von mir erstreckte sich das sonnengebleichte Djebel-Hafit-Massiv, das noch im Schatten lag. Links von mir lag ein großer, üppiger tropischer Garten mit Dattelpalmen, die Pfefferpflanzen, Auberginen und Beerensträuchern Schatten spendeten. In der Mitte standen einige hellgrüne Villen. Jenseits der Gartenmauer begann die Wüste, zuerst eine steinige Sandfläche mit ein paar Büschen und gebleichten Gebeinen von Kamelen, Schafen und Ratten, und dann gewellte Sanddünen, die Reihe um Reihe in goldenen Linien an die achthundert Kilometer weit quer durch Saudi-Arabien verliefen. In Al Ain war dies die beste Tageszeit zum Arbeiten. Im Morgengrauen hatte mich Sundar, der Verwalter von Scheich Talibs Palästen und Gütern, in meinem Hotel in der Oasenstadt Al Ain an der Grenze zwischen Abu Dhabi und Oman abgeholt und zu dem Garten gebracht, wo sich der Scheich mehrere hundert Jagdfalken hielt.

Der Tiergarten Al Ain hat eine große Sammlung, darunter so interessante Exemplare wie Komodo-Warane, Stummelaffen, Arabische Beisa, Kragentrappen, Bongo und Wasserbock. Viele Zoologen träumen von einem Tiergarten ohne Besucher; Al Ain kommt diesem Ideal nahe, denn der Zoo ist nur drei Tage in der Woche geöffnet, und da man keinen Eintritt zu bezahlen braucht, kann nicht mit Einnahmen gerechnet werden; insofern ist er einer der wenigen nichtkommerziellen Tiergärten. Das Gelände ist riesengroß, von einem Zaun begrenzt, der auch ein Stück Wüste mit Dünen umfaßt, wo man sich verirren und in der Mittagshitze in ernste Bedrängnis geraten kann. In der unfruchtbaren Landschaft ringsum ist eine Fülle von Getier zu beobachten: wilde Kamelbullen, die allein und bösartig sind, herumziehende Schafherden, die von fast nichts leben, Füchse, unter andern die scheuen Rüppelfüchse, die nachts auf Beute gehen, Schlangen und Skorpione, Adler, Häher und Francolinhühner, und irgendwo dort draußen im ungastlichsten Wüstengebiet der Welt scheint noch die Weiße Oryxantilope Arabiens zu leben.

Dies war der Tiergarten, in dem unser Assistent Chris Furley seinen Dauerwohnsitz hatte. Momentan machte er eine vierwöchige Ferienreise durch den Fernen Osten, und ich vertrat ihn. Wir waren ja nicht nur in zoologischen Gärten tätig, sondern unsere Dienste wurden auch von den Scheichen in den Vereinigten Arabischen Emiraten beansprucht, wo es viele Privatsammlungen gibt. Die Scheiche haben eine besondere Vorliebe für Antilopen, Damwild und Vögel. An erster Stelle steht für den Araber der Falke, mit dem er jagt und auf den er ebenso stolz ist wie der Engländer auf sein Vollblutpferd. Seine Kenntnisse der Falknerei sind ebenso gründlich und ins einzelne gehend wie die Fachkenntnisse der leidenschaftlichen Fußballfans. Der zweite Lieblingsvogel ist die Kragentrappe. Sie ist ungefähr so groß wie das Rebhuhn, für unsere Augen nicht gerade schön, nur der balzende Hahn gibt mit seinen Schwanzfedern eine prächtige Vorstellung. Für den Araber aber ist die Kragentrappe eine Schönheit, obwohl sie die Hauptbeute bei der Falknerei bildet.

Die Scheiche gehen mit ihren Falken jedes Jahr auf die Jagd, heute gewöhnlich nach Pakistan, wo die Kragentrappen noch in beträchtlicher Zahl vorkommen. In Arabien sind sie weniger leicht zu finden, und die Falkner schätzen sich glücklich, wenn sie in vierzehn Tagen nur eine einzige erbeuten. Dennoch werden die Kragentrappen immer noch von verschiedenen Scheichen gejagt, wohingegen andere große Mühe auf sich nehmen, um sie in der Gefangenschaft zu züchten. In Dubai nahm mich der Verteidigungsminister Scheich Mohammed einmal bei Mondschein mit, um mir seine kostbare Sammlung zu zeigen, mehrere hundert Vögel, die am Wüstenrand in riesigen Gehegen untergebracht waren.

Sorgfältig wurden sie in natürlicher Umgebung gehalten, mit besonderem Futter versehen, von Wärtern betreut und stets bewacht. Die Kragentrappe gilt als höchst nervöser Vogel, der angeblich einen Herzschlag erleidet, wenn man ihn bloß anschaut (allerdings geschah nichts dergleichen, wenn ich sie hospitalisieren mußte, um sie zu behandeln), und Scheich Mohamed unterstrich die Bedeutung der Ruhe und Abgeschiedenheit für seine geliebten Trappen. »Nicht einmal der hiesige Tierarzt darf sich diesen Gehegen auf mehr als hundert Meter nähern«, erklärte er mir.

Aber die wahrhaft fürstliche Behandlung bleibt dennoch den Falken vorbehalten. Jeder ist 50000 Pfund oder sogar noch mehr wert; trotzdem beginnen manche Besitzer die Jagdzeit mit hundert Falken und haben zum Schluß nur noch ein Dutzend. Die andern sind verlorengegangen, an einer Verletzung oder einer Krankheit gestorben. Die Falken sind bequemer und besser untergebracht als ihre Menschendiener. Der Herrscher von Abu Dhabi, Scheich Zajed, hat einen Berg aufschütten lassen, auf dem luftige Volieren stehen. Darin leben seine prachtvollen schwarzen Saker je zu zweit in allem Komfort: Die Felsblöcke sind mit Samt bezogen, der Boden besteht aus feinem Sand, der täglich erneuert wird. Die edlen Vögel schwelgen in Tauben, die ihnen lebend, aber mit brutal gebrochenen Flügeln vorgesetzt werden, in weißen Ratten und Meerschweinchen. Ihre kalbsledernen Fußriemen haben silberne Drehzapfen. Ihre Hauben hängen an goldenen Haken, sind goldgestanzt und mit Flamingofedern geschmückt. Im Hochsommer wird die Behausung mit Klimaanlage gekühlt.

Scheich Talib, dessen ganzer Stolz der Jagdfalke Kaschmuk war, bot seinen Greifvögeln genausoviel Komfort: Eine Klimaanlage gab es zwar nicht, aber jeder Falke bewohnte seinen eigenen Bungalow aus Palmblattgeflecht, der jedem Club Mediterranée zur Ehre gereicht hätte. Die Vögel wurden von einer kleinen Armee von Pakistani betreut; diese Männer wohnten eng zusammengepfercht in einer Hütte, die weit unter der Würde eines Falken war. Kaschmuk, der schlanke, stolze, kraftvolle Kaschmuk, der wie ein von den Göttern abgeschnellter Pfeil aufflog, um eine in Deckung flüchtende Gazelle zu greifen, Kaschmuk, der ein Falkentrio angeführt hatte, dem auf einem Jagdausflug ein Strauß zum Opfer gefallen war, Kaschmuk, der an einem einzigen Vormittag zehn Kragentrappen erjagt hatte, Kaschmuk, der im Schein des Vollmonds auf Enten Jagd machte – er, dieser Kaschmuk, trank aus einer ziselierten goldenen Wasserschüssel, wohingegen die anderen Falken sich mit einer silbernen begnügen mußten. Er war weit über 50000 Pfund wert, und an diesem Morgen hatte sein pakistanischer Wärter Ali, der vier Pfund in der Woche verdiente, dem Verwalter Sundar gemeldet, daß mit Kaschmuk etwas nicht in Ordnung sei: Dr. Chris war verreist, so holte man Dr. Taylor.

Obwohl die Araber für ihre Falken keine Ausgabe scheuen, ist die Behandlung kranker Tiere immer noch recht primitiv. Uralte Heilmittel, denen oft Zauberkraft zugeschrieben wird, werden weitherum angewendet, moderne Therapie und Präventivmedizin setzen sich nur langsam durch. Entzündete Wunden werden mit Zigarettenglut ausgebrannt, Verletzungen mit einem Amulett eingerieben, barbarische Eingriffe werden vorgenommen, und aus Indien und dem Libanon werden wertlose Arzneitränke importiert. Präventivmaßnahmen gegen Krankheiten, die von schwerverseuchten, als Nahrung dienenden Tauben verbreitet werden, lassen sich kaum organisieren. Nichtsdestoweniger hatte Chris unter Andrews Anleitung angefangen, in den Tiergärten einiger Scheiche die Heilkunde des zwanzigsten Jahrhunderts einzuführen, und er hatte bereits ausgezeichnete Ergebnisse erzielt. Andrew, ein Vogelliebhaber und seit seiner Schulzeit in Winchester an der Falknerei interessiert, war unter den Tausenden von Greifvögeln, die in Abu Dhabi gehalten wurden, in seinem Element.

Als Ali uns Kaschmuk brachte, der auf seiner behandschuhten Faust saß, fragte ich Sundar, was sie eigentlich sorgenvoll stimme.

»Ali meint, Kaschmuk sei gestern von einem verfluchten Adler erschreckt worden«, antwortete Sundar. »Gerade als er eine Trappe greifen wollte, kam der große Vogel aus dem Gebirge. Ali sagt, Kaschmuk sei erschrocken, als der Schatten des Adlers auf ihn gefallen sei, und er hätte seine Beute verloren.«

Der Pakistani spuckte in den Sand.

Sosehr der Araber Greifvögel liebt, seine Bewunderung gilt nur den Falken. Die größeren Arten betrachtet er als lästige Spielverderber, die den Falken entweder für lange Zeit in einem Versteck Zuflucht suchen lassen oder ihn in die Wüste vertreiben, wo er in der glühenden Hitze zusammenbricht. Beides schadet der Jagd, und deshalb werden die großen Vögel abgeschossen oder in Fallen gefangen. Ausländer wollen oft bei den Scheichs Eindruck machen, indem sie ihnen einen Adler schenken. Die Gabe wird natürlich höflich entgegengenommen, landet aber am nächsten Tag im Zoo von Al Ain, wo hinter den Kulissen immer ein oder zwei Räume von solchen prachtvollen, häufig seltenen, aber unerwünschten Geschenken bewohnt werden.

Ich wußte, daß Adler den Jagdfalken einen Schock versetzen können, aber Kaschmuk sah mir nicht danach aus, als würde er sich lange aus der Fassung bringen lassen. »Was fehlt ihm denn jetzt?« forschte ich.

»Er atmet so sonderbar.«

Ali streckte den Arm vor. Kaschmuk war ein prachtvolles Geschöpf, stahlblau mit schwarzglänzendem Kopf und breitem Bakkenstreifen. Er beäugte mich hochmütig und piepste klagend. Sein Atem ging viel zu schnell. Kaschmuk keuchte.

»Sie sagen, so atmet er seit dem gestrigen Vorfall mit dem Adler?« fragte ich Ali.

»Ja, Herr Doktor. Seitdem atmet er so, die ganze Zeit.«

»Auch wenn es kühl ist?«

»Auch dann. Ich ging in der Nacht zu ihm. Es war genau gleich.«

»Setzen Sie ihm bitte die Haube auf. Ich möchte seine Brust abhorchen.«

Ali stülpte dem Falken die Lederhaube geschickt über die Augen und benutzte die Zähne und seine freie Hand zum Zusammenziehen der Riemen. Er behielt Kaschmuk auf dem Handschuh, während ich den Vogel behutsam abtastete und das Stethoskop an seine Rippen setzte.

»Jetzt halten Sie ihn bitte mit beiden Händen, damit ich ihm in den Hals sehen kann.« Ich öffnete den kräftigen Schnabel und begutachtete das Innere, die spitze Zunge und den Kehlkopf. Kein Anzeichen von Krupp, Würmern oder Trichomonadenbefall. Ich lauschte wieder dem Atem. Er ging mühsam, mitunter rasselte er ein wenig. Es blieb eigentlich nur eine einzige Erklärung für Kaschmuks Keuchen, und der Befund hätte nicht schlimmer sein können. In den Lungen des Falken saß etwas, das genauso aussah wie der Schimmel auf altem Brot. Kaschmuk war im ersten Stadium einer tödlichen Krankheit, verursacht vom Kolbenschimmel Aspergillus.

Ich war diesem Pilz schon öfters bei Zootieren begegnet. Er kann bei jungen Truthühnern vorkommen, bei anderen Vogelarten und gelegentlich auch bei Säugetieren, den Menschen nicht ausgenommen. Bei Greifvögeln tritt er sehr häufig auf, aber am schlimmsten haust er unter meinen Lieblingsvögeln, den Pinguinen. Beim Pinguin braucht nur die Widerstandskraft ein wenig geschwächt zu sein oder die Nahrung geändert zu werden, und schon bricht die Pilzinfektion aus. Pinguine können auch andere Krankheiten haben, etwa Malaria und Fußleiden, doch in 99,9 Prozent aller Krankheitsfälle kann man wetten, daß ein erkrankter Pinguin an Aspergillose leidet. Wie alle Pilzinfektionen im Innern des Körpers ist sie schwer zu behandeln – Antibiotika verschlimmern sie höchstens –, und bei Kaschmuk sah ich schwarz.

»Was meinen Sie, Herr Doktor?« fragte Sundar. »Schock durch den Adler?«

»Nein«, erwiderte ich, »Kaschmuk hat Radad.« Ich benutzte die arabische Bezeichnung, die soviel heißt wie »Pilz, der in der Lunge wächst«.

Beide Männer machten ein betroffenes Gesicht. »Radad, Herr Doktor? Radad?« stieß Sundar hervor. »Aber es ist Kaschmuk! Wenn er stirbt, wird der Scheich, wird er ... ich weiß nicht ... Aber vielleicht sollten Sie Ihre Koffer packen!«

»Ich kann nichts dafür, daß Kaschmuk Radad hat. Es ist eine Infektion. Scheich Talib muß das hinnehmen.«

Sundar zuckte die Schultern und lächelte abbittend. Als intelligenter Mann mit rascher Auffassungsgabe, der mehrere Sprachen beherrschte und die Güter seines Herrn mit viel Wissen und Können verwaltete, verstand er sowohl das arabische wie auch das europäische Denken. »Er kann Krankheit und Tod hinnehmen, Herr Doktor. Für den Moslem ist das der Wille Allahs, Kismet. Aber da Sie hergerufen worden sind, Sie, ein Spezialist für Tierkrankheiten, nicht aus Lahore, Bombay oder Damaskus, sondern aus London, ist alles anders. Jetzt ruht Kaschmuks Schicksal nicht mehr allein in Allahs Händen. Sie haben ... wie soll ich mich ausdrücken ... Sie haben sich in das Geschehen eingemischt. Ihre Fehler kann er nicht hinnehmen.«

»Das ist islamische Spitzfindigkeit«, versetzte ich grimmig. »Angenommen, ich wäre nicht hier gewesen?«

»Dann würden wir unser Bestes auf unsere Weise tun und den Vogel zwingen, den Urin eines jungen Kamels, der mit einem heißen Eisen erwärmt wird, zu trinken.«

»Und wenn Kaschmuk stürbe, würde der Scheich dann gutheißen, was ihr getan habt?«

»Ja. Aber von euch im Westen wird, obwohl die Beduinen euch im stillen tief verachten, in wissenschaftlicher Hinsicht viel erwartet.«

»Von den Ungläubigen.«

»Von den Ungläubigen, ja.« Sundar bedeutete Ali, den Falken in sein Quartier zurückzubringen und klopfte mir auf die Schulter. »Kommen Sie, Herr Doktor. Trinken wir Tee, während Sie mir sagen, was wir tun müssen.«

Als ich mit Sundar in seinem Arbeitsraum am Rande des Gartens süßen roten Tee trank und den Wiedehopfen zusah, die über die Palmen flitzten, dachte ich über das Problem Kaschmuk nach. Bald würde er noch mühsamer atmen und den Appetit verlieren. Nach einigen Tagen, vielleicht in einer Woche, würden die Lungen von dem grün-weißen Pilz überwachsen sein. Einem Menschen, der von dieser Krankheit betroffen wird, kann man pilztötende Mittel wie etwa Miconazol geben, aber sie müssen langsam und mehrere Stunden lang durch intravenöse Transfusionen eingeträufelt werden, und das ist bei einem Vogel nicht möglich. Bei Pinguinen hat man es mit Inhalation versucht, aber damit keinen sonderlichen Erfolg gehabt. Medikamente in Nahrung oder Wasser waren ebenfalls nicht wirksam. Von den wenigen verfügbaren antifungalen Präparaten wurden die meisten vom Vogeldarm nicht absorbiert, und die übrigen vernichteten den Kolbenschimmel nicht. Vielleicht half es, wenn ich in Kaschmuks Behausung ein Sauerstoffzelt errichtete. Wenigstens würde mir damit eine Atempause verschafft, in der ich mich mit Andrew telefonisch beraten konnte.

Ich trug Sundar auf, mir Sauerstoff und ein Sauerstoffzelt zu beschaffen. Ein erkrankter Falke genießt erste Priorität vor allem und jedem mit Ausnahme des Scheichs und seiner Familie. In Al Ain gab es mehrere gutausgerüstete Krankenhäuser; einige hatten einen angebauten Flügel mit besonderen Operationssälen für Würdenträger. Wenn ich mir hier das Genick bräche, würde ich als Ausländer nicht behandelt, aber für den Falken bedurfte es nur eines Anrufs, und innerhalb einer Stunde wurde eine komplette Sauerstoffanlage herbeigeschafft, eskortiert von einer Polizeitruppe, mit Sirenengeheul und Blaulicht. Kaschmuk hatte entschieden das Sagen!

Von meinem Hotel aus rief ich Andrew an. In England war es vier Uhr morgens, als ich ihn weckte, um mit ihm über den Falken zu sprechen.

»In einer deutschen Zeitschrift ist gerade ein Artikel erschienen«, sagte er verschlafen, nachdem er mich angehört hatte. »Man hat, wenn ich richtig verstanden habe, Pinguinen, die an Aspergillose litten, das Mittel gegeben, das für Menschen benutzt wird, aber nicht intravenös, sondern intramuskulär. Damit hat man ausgezeichnete Ergebnisse erzielt, allerdings ist nur von fünf oder sechs Fällen die Rede. Am besten läßt du dir den Bericht von Hanne übersetzen.«

»Großartig. Tu mir den Gefallen und ruf Hanne an. Sie soll mich dann anrufen, wenn sie die Übersetzung gemacht hat. Alles Gute für dich, wenn du sie so früh weckst!«

Eine halbe Stunde später rief Hanne mich an. Sie war nicht gerade fröhlich, aber sie hatte den Text, den Andrew ihr vorgelesen hatte, schnell ins Englische übersetzt. Es stimmte, ein deutscher Tierarzt hatte einige Pinguine mit Miconazol-Injektionen gerettet.

Ich kehrte in Scheich Talibs Garten zurück, um mit Sundar zu sprechen. »Mit einer neuen Injektion könnte ich vielleicht etwas ausrichten«, sagte ich zu ihm.

Sundar zog die Brauen in die Höhe und sah mich nachdenklich an. »Injektion, sagen Sie, Herr Doktor? Na ja, ich weiß nicht, was der Scheich dazu sagen wird.«

»Was soll das heißen? Ich dachte, es wäre meine Aufgabe, eine Wunderkur zu finden.«

Er lachte. »Wahr, wahr. Aber eine Injektion ... das ist problematisch. Dazu muß er die Erlaubnis geben.«

»Fürs Injizieren?«

»Leider. Er liebt Kaschmuk sehr, wie Sie wissen. Ohne ausdrückliche Bewilligung dürfen Sie keine Injektion machen.«

Derartige Schwierigkeiten hatten wir schon früher gehabt. Der Arzt aus England muß alles Notwendige tun, um das Tier zu retten, aber dieses oder jenes darf er nicht. Verabreichung von Tabletten oder Lotionen und Umschläge waren annehmbare Maßnahmen, Injektionen, Operationen und Diätvorschriften hingegen nicht. Ein Scheich besaß eine große Herde arabischer Oryxantilopen, die er in einem Garten hielt. Als unter ihnen Maul- und Klauenseuche ausbrach, kam es zu großen Verlusten. Während wir uns nach bestem Vermögen mit dem Virus herumschlugen, beschloß der Scheich, die Schuld an der Epidemie trage Gift, das sich im Alfalfagras, der Hauptnahrung der Tiere, befinde. Wir machten den Vorschlag, den Antilopen Stärkungsmittel zu injizieren und auch der Nahrung lebenswichtige Stoffe beizufügen, um ihre Widerstandskraft zu festigen. Die Erlaubnis wurde uns verweigert. Wir sollten die Tiere ohne Injektionen und neumodische Stärkungspillen gesund machen, und Alfalgagras durfte ihnen nicht mehr verfüttert werden. Infolgedessen bekamen sie nur noch Gerste. Daraufhin gingen wir das Wagnis ein, den Antilopen spät abends Alfalfagras zuzustecken. Injektionen trauten wir uns jedoch nicht zu machen, denn Araber haben ihre Augen überall, und man hätte uns bestimmt verraten.

Ein andermal wurden wir noch mehr blockiert, als eine Virusepidemie eine große Gazellenherde dezimierte. In diesem Fall wäre das Narkosegewehr die einzige Rettung gewesen, doch obwohl man von uns verlangte, die Tiere sofort zu heilen, wurden uns Injektionen strikte verboten. Tagelang sprühten wir quadratkilometerweit Antiseptika auf den Sandboden, sprachen unsere Gebete und beließen es dabei. Und wie es bei Mutter Natur der Brauch ist: Nachdem sie achtzig Prozent der Herde vernichtet hatte, ruhte sie sich aus. Die Todesfälle hörten auf, und für den Erfolg der Behandlung wurde Chris nach dem Massensterben mit einer goldenen Uhr belohnt!

Jetzt sah es ganz so aus, als sollte es mir mit Kaschmuk genauso ergehen. Es stimmte mich besorgt, ein unerprobtes Mittel bei einem Falken anzuwenden, von seinem unerhörten Wert gar nicht zu reden. Pinguine in Deutschland unterscheiden sich stark von Falken in Arabien. Warum, ach, warum glaubte ich nur nicht an warmen Kamelurin?

»Verschaffen Sie mit bitte so bald wie möglich eine Audienz«, sagte ich zu Sundar. »Inzwischen will ich versuchen, das Präparat in Abu Dhabi aufzutreiben.« Wie sich herausstellte, verfügte keine Apotheke, kein Krankenhaus und kein Tierarzt in Abu Dhabi über Miconazolampullen. Wieder rief ich Andrew an und bat ihn, sie mir mit dem nächsten Flugzeug zu schicken. Kaschmuks Atemnot hatte sich unter dem durchsichtigen Sauerstoffzelt nicht verschlimmert, aber auch nicht gebessert. Es schien, daß er durchhalten würde, bis ich mit den Injektionen anfangen konnte – falls ich von seinem Herrn die Erlaubnis dazu erhielt.

Später am Tage rief mich Sundar in der kleinen tierärztlichen Klinik an, die unser Arbeitsfeld im Zoo Al Ain ist. »Der Scheich gewährt Ihnen heute abend um sieben Uhr eine Audienz. Man hat ihm gerade einen Zahn gezogen, und er ist nicht gerade guter Laune. Ich hole Sie kurz vor sieben ab.«

Schon wieder Pech, dachte ich. Audienzen bei arabischen Scheichen sind knifflig genug, ohne daß Zahnärzte das Prozedere zusätzlich erschweren. Er wird das wohl als Vorwand benutzen, die Audienz abzusagen, überlegte ich mir düster. Dann ereignet sich morgen vielleicht etwas anderes, vielleicht ein Aufgebot von Scheich Zajed wegen eines Staatsbesuchs aus Übersee, oder er verschwindet für ein paar Tage in einem seiner Paläste an der Küste, und ich kann mir die Absätze krummtreten, während ich auf die Erlaubnis warte, eine Nadel zu benutzen. Derweil verschlimmert sich Kaschmuks Zustand, und mein armer Kopf kommt dem Hackblock ein Stück näher. Die Voraussage, wo, wann und wie lange ein Scheich zu sprechen sein wird, hat sehr viel Ähnlichkeit mit dem Roulettespiel.

Scheich Talib hielt seine Audienzen immer in einem seiner kleineren Paläste unweit der Stadtmitte von Al Ain ab. Nachdem wir die Schuhe ausgezogen hatten, betraten wir einen großen, mit dikken Teppichen belegten Raum, der nur eine Fotografie des Herrschers und ein Fernsehgerät enthielt. Der Apparat war eingeschaltet, auf dem Programm lautstark die »Muppet-Show«. Ringsum an den Wänden hockten verhüllte Männer. Am anderen Ende des Saales saß der hellgewandete Scheich, ein kleiner, rundlicher Mann mit rötlichem Bart. Er sah verdrossen aus und rieb sich die Wange. Alle standen auf, als wir, beim Scheich den Anfang machend, reihum den überlieferten »Salaam«-Gruß austauschten. Scheich Talib verstand kein Englisch; mit einer Gebärde bedeutete er mir, mich zwischen ihm und Sundar niederzusetzen. Ein Diener reichte uns bitteren Kaffee, und dann hoben die Floskeln an – wie man in England übers Wetter spricht –, und wir plauderten, aber nie mit dem Scheich, sondern nur untereinander, gegen den Lärm der Muppets ankämpfend, über das Leben in London, ob es wahr sei, daß sich in England der Islam ausbreitete, und ob es nicht sonderbar sei, eine Frau als Premierminister zu haben. Zwischendurch entstanden lange Pausen, in denen die Muppets das Feld beherrschten. Ein paarmal merkte ich, daß der Scheich mich prüfend betrachtete, meinem Gefühl nach sogar skeptisch, aber er sprach kein Wort. Schließlich, als ich fast überschwappte von Kaffee, schnippte der Scheich mit den Fingern und schickte einen Diener irgend etwas holen. Der Mann kehrte mit Obstkisten zurück.

Er stellte die Kisten vor den Füßen des Scheichs ab und entfernte sich mit vielen Verbeugungen. Der Scheich bückte sich und entnahm einer Kiste eine Handvoll kleiner Mispeln. Dann machte er sich daran, die Mispeln über den nicht ganz sauberen Teppich rollen zu lassen, ein paar für jeden der Versammelten. Er knurrte mir etwas auf arabisch zu. »Seine Exzellenz sagt, essen«, übersetzte Sundar. Ich hob eine Mispel auf, an der Teppichstaub und Gott weiß was klebte, lächelte meinen Gastgeber an und verzehrte sie.

Als ich mir die letzte meiner Mispeln einverleibt hatte, rollte mir der Scheich eine neue Serie zu und knurrte wieder etwas. »Essen, sagt er«, übersetzte Sundar wieder. »Oder mag der englische Doktor diese Früchte nicht?«

»Doch, doch«, beteuerte ich und stopfte mir schnell eine Mispel in den Mund. »Erstklassige Früchte, schmecken sehr gut. Bitte sagen Sie das Seiner Exzellenz.«

Als die Mispelkiste leer war, machte sich der Scheich zu meinem Schrecken an einer anderen Kiste zu schaffen, der er reife Kirschen entnahm, zum Teil geplatzte, so daß sie vom Saft klebrig waren. Sie sammelten noch mehr Schmutz auf, als sie über den Teppich gerollt wurden, aber mannhaft verzehrte ich meinen Anteil. Lieber Gott, laß mich die Gastro-Enteritis wenigstens lange genug überleben, daß ich mit Kaschmuks Behandlung anfangen kann, betete ich.

Das Verzehren der Kirschen dauerte noch länger, und dann kam endlich der letzte Gang an die Reihe. Aus der dritten Kiste kramte der Scheich eine Art klebrige Würmer, warf mir eine Handvoll zu und sagte: »Tut, Tut.«

»Tut«, sagte Sundar, »Tut.«

Ich sah ihn an und dann die Würmer. Es waren Früchte, die ich noch nie gesehen hatte.

»Tut, Tut«, wiederholte der Scheich und rieb sich gereizt seine geschwollene Backe.

»Was heißt ›Tut‹, Sundar?« fragte ich.

»Genau das. Soviel ich weiß, kann man das Wort nicht übersetzen. Diese Frucht heißt auf arabisch Tut. Kosten Sie.«

Der, die oder das Tut sah tatsächlich wie ein Regenwurm aus und war besonders schmutzig. »Tut, Tut«, sagte ich mit gezwungenem Lächeln und steckte mir eine Frucht in den Mund. Sie schmeckte wie eine bleichsüchtige Himbeere.

»Seine Exzellenz sagt, Sie sollen essen, Herr Doktor. In England gibt es nicht so etwas Gutes wie Tut, sagt er. Essen Sie.«

Nach halbstündiger Tuterei richtete der Scheich unvermittelt eine Frage an Sundar. Der Inder antwortete lange mit zungenbrecherischer Geschwindigkeit. Dann wandte er sich an mich: »Der Scheich möchte wissen, warum Sie hier sind und nicht Doktor Furley.«

»Ich bin hergekommen, weil Doktor Furley im Urlaub ist«, erklärte ich leicht bestürzt.

»Er sagt, er kennt Doktor Furley und kann nicht verstehen, daß er nicht hier ist, wenn Kaschmuk krank ist.«

»Doktor Furley, mein Assistent, ging in Urlaub, bevor Kaschmuk krank wurde. Sagen Sie ihm das bitte. Er ist jetzt irgendwo in Singapur. Deshalb ist er nicht hier.«

Sundar übersetzte und wartete Scheich Talibs nächsten Geistesblitz ab. »Seine Exzellenz mag Doktor Furley.«

»Ich auch.«

»Er ist Ihnen noch nie begegnet.«

»Ich sehe Seine Exzellenz heute auch zum erstenmal.« Dieses Theater wurde allmählich wirklich lächerlich. »Machen Sie ihm klar, Sundar, daß Doktor Furley bei mir angestellt ist. Was Doktor Furley tun würde, das tue ich jetzt.«

Nach längerer Pause kamen die goldenen Worte: »Seine Exzellenz kann nicht verstehen, daß Doktor Furley nicht hier ist. Er kennt Doktor Furley.«

Geduld, mein Junge, ermahnte ich mich. Bleib schön kühl. Verlier dein Gesicht nicht. Dann räusperte ich mich. »Bitte sagen Sie dem Scheich, daß ich Professor für Wanderfalken an der Universität Wigan in England bin. Es gibt nichts, was ich nicht über Falken wüßte. Deshalb möchte ich Kaschmuk behandeln.«

Sundar gab meine Aussage weiter. Er mußte fast schreien, um Miß Piggy zu übertönen. Die sauertöpfische Miene des Scheichs änderte sich nicht im geringsten, während er zuhörte. Danach machte er eine kurze Bemerkung.

»Seine Exzellenz möchte wissen, was Sie mit Kaschmuk vorhaben.«

»Sagen Sie ihm, daß mit Radad nicht zu spaßen ist. Ich möchte es mit einer ganz neuen Behandlung versuchen, um Kaschmuk zu retten. Ich kann nur mein Bestes tun.«

Wieder besprach sich Sundar mit dem Scheich. »Seine Exzellenz fragt, ob das neue Mittel mit der Nahrung eingegeben werden kann.«

»Nein.«

Erneutes Palaver. Die Muppets sangen in voller Lautstärke weiter. »Seiner Exzellenz wäre es lieber, wenn das Mittel mit der Nahrung eingegeben würde.«

»Dann wirkt es nicht. Es muß injiziert werden.« Ich machte eine Bewegung mit den Fingern, die das Niederdrücken des Kolbens darstellte.

Scheich Talib machte ein noch verdrießlicheres Gesicht und hielt die Hand erneut an seine geschwollene Wange.

»Der Scheich mag Injektionen nicht.«

»Ich auch nicht, aber sagen Sie ihm, daß das die einzige Möglichkeit ist.«

Sundar schnatterte wieder, und der Scheich knurrte. »Seine Exzellenz sagt, die pakistanischen Tierärzte haben etwas, das sie ins Wasser geben.«

»Ich weiß. Das nützt bei Radad nichts.« Wie lange wird dieser verrückte Handel noch dauern? fragte ich mich, während der Frosch Kermit krähte.

»Seine Exzellenz möchte wissen, ob die Injektion nützen wird.«

»Insch' Allah«, antwortete ich. »Wenn Gott will.«

Plötzlich schlug sich Scheich Talib auf seine schmerzende Wange und stöhnte leise. Er nickte, sagte ein paar Worte zu Sundar und erhob sich.

»Sie können es tun. Er sagt, Sie können Kaschmuk die Injektion machen«, rief Sundar rasch. Er strahlte, als wir beide ebenfalls auf den Füßen standen. »Seine Exzellenz muß jetzt gehen. Er hat Schmerzen.«

Hände wurden geschüttelt, Segenswünsche ausgetauscht, und die Männer zerstreuten sich. Die Audienz war beendet. Dank der demoralisierenden Wirkung einer unseligen Stunde im Zahnarztstuhl hatte ich grünes Licht für einen Heilversuch an dem kranken Falken erhalten. Was aber, wenn die neue Behandlung mit Miconazol mit einer Katastrophe endete? Daran wollte ich gar nicht denken, als ich zum Zoo zurückkehrte. Mein Assistent hatte mir strenge Anweisungen erteilt, während seiner Abwesenheit seine Pflanzen regelmäßig zu gießen. Sobald ich das getan und auch den kleinen Jaguar, den Chris aufzog, gefüttert hätte, wollte ich mich an einem Bier erlaben und darüber nachdenken, wie Kaschmuks

Behandlung am besten vorzunehmen wäre, wenn erst die neue Wunderdroge aus England eingetroffen war.

»Übrigens noch etwas, Herr Doktor«, begann Sundar, als er mich absetzte. »Der Scheich sagte zwar, Sie dürfen die Injektion machen, sie muß aber auch wirken. Kaschmuk soll nämlich nächsten Monat in Pakistan jagen.«

»Großartig«, murmelte ich, während ich seinen Wagen in der Dunkelheit verschwinden sah. Ich hörte die Gibbons in ihrem Käfig neben dem Laboratorium schadenfroh keckern. Ich ging ins Labor, um Andrew anzurufen und mich zu vergewissern, daß er das Miconazol im Flughafen Heathrow aufgegeben hatte.

»Liliana hat aus Madrid angerufen«, sagte er, nachdem er mich beruhigt hatte. »Der Panda Chang-Chang hat manchmal schleimigen Stuhl. Anscheinend ist er dann gleichzeitig lethargisch und appetitlos, aber es hört nach vierundzwanzig Stunden immer spontan wieder auf.«

Offenbar kam ein Unglück wirklich nie allein. »Ruf zurück, sie soll mit Luftpost Proben schicken, möglichst frischen Mucus, in Eis verpackt, und laß ihn sofort im Laboratorium analysieren«, trug ich ihm auf.

Am folgenden Tag ging Kaschmuks Atem im Sauerstoffzelt noch schwerer. Er verweigerte jegliche Nahrung, die Ali ihm anbot. Ich fuhr die hundertfünfzig Kilometer quer durch die Wüste zum Flughafen Dubai, nur um zu hören, daß das Miconazolpaket aus irgendwelchen Gründen in Heathrow zurückgeblieben war, als die Maschine der Gulf Air abgehoben hatte. Wutschnaubend übernachtete ich in der Stadt, um das nächste Flugzeug abzuwarten. Zwölf Stunden später hatte ich – nicht ohne Bestechung eines Zollbeamten – meine kostbaren Ampullen. Ich kehrte auf dem kürzesten Weg nach Al Ain zurück und ging sofort zu Kaschmuk.

»Es geht ihm schlechter, Herr Doktor«, stöhnte Ali. »Hören Sie nur, wie sein Atem rasselt. Oh, mögen tausend Feuerbrände zu dem verfluchten Adler aufsteigen und ihm die Leber im Leibe verbrennen!«

»Ali, Kaschmuk ist nicht durch den Schatten des Adlers erkrankt. Es ist ein Erreger, ein Pilz.«

»Das sagen Sie, Herr Doktor, aber ich bin seit meiner Kindheit Falkner wie vor mir mein Vater und mein Großvater. Mein Großvater war Falkner beim Vizekönig von Indien. Was Sie einen Erreger nennen, Herr Doktor, das kennen wir als einen Schatten.«

»Na gut. Schauen wir also, wie die Injektion auf den Schatten wirkt. Setzen Sie ihm bitte die Haube auf, und halten Sie ihn mit beiden Händen fest.«

Während der Falke vorbereitet wurde, füllte ich eine kleine Spritze mit der Miconazollösung, paßte meine dünnste Nadel ein und injizierte das Mittel in den Brustmuskel des Vogels, wobei ich darauf achtete, daß meine Finger nicht in die Nähe der kräftigen Krallen gerieten.

An den neun folgenden Tagen war ich stets schon im ersten Morgengrauen auf den Beinen. Während die Muezzins die Gläubigen zu Gebet und Arbeit riefen, begab ich mich zu Kaschmuk, um ihm seine tägliche Injektion zu geben. Bei der dritten Injektion kam es mir vor, als atme der Vogel etwas leichter. Allerdings hatte er noch immer keinen Appetit und mußte sorgfältig mit Fleischstückchen, die in geschlagenem Ei gewälzt wurden, zwangsgefüttert werden. Dann endlich am fünften Tag war das rauhe Rasseln in den Lungen zu meiner Freude tatsächlich schwächer. Am sechsten Tag begann er selbständig zu fressen. Das Miconazol vernichtete zweifellos den tödlichen Pilz.

»Sehen Sie, wie das neue Medikament Wunder wirkt!« sagte ich zu Ali.

»Er vergißt den Schatten des Adlers«, erwiderte Ali. »Ja, es geht ihm besser, Herr Doktor.«

Ich war begeistert von dem Ergebnis der neuen Therapie. Es schien, daß Radad, die Aspergillose bei Falken, zum erstenmal zu bekämpfen war, seit die Falknerei ums Jahr 2000 v. Chr. in China ihren Anfang genommen hatte. Am Tage der letzten Injektion telefonierte ich mit Andrew und teilte ihm mit, daß Kaschmuk, jetzt nicht mehr im Sauerstoffzelt, von der Krankheit geheilt sei, normal atme und gierig fresse. »Das ist wirklich ein Markstein in der Behandlung von Pinguinen und Falken«, sagte Andrew. »Aber etwas mußt du doch wissen. Kurz nachdem du mit Kaschmuks Behandlung angefangen hattest, benutzte ich das Mittel ebenfalls, und zwar bei einem Felspinguin mit pilzverseuchten Lungen. Nach der dritten Injektion ging es ihm erstaunlich viel besser, aber leider wurde er von einem Fuchs erwischt. Ich sezierte ihn heute morgen. Die Aspergillose war in der Tat zurückgegangen, aber an der Injektionsstelle fand ich eine nicht unerhebliche Muskelschädigung.«

Die Bedeutung dieser Bemerkung ging mir zuerst gar nicht auf.

Gewiß, das Präparat war für intravenöse Injektionen bei Menschen gedacht; derartige Mittel können unliebsame Reaktionen hervorrufen und Schmerzen verursachen, wenn man sie unter die Haut oder in den Muskel injiziert.

»Hattest du den Eindruck, daß die Injektion dem Pinguin Schmerzen bereitete?« fragte ich. »Kaschmuk scheint sie überhaupt nicht gespürt zu haben.«

»Nein, überhaupt nicht. Aber der Brustmuskel weist häßliche weiße Streifen auf.«

»Das läßt sich wohl nicht ändern«, meinte ich. »Eine kleine Wunde ist besser als der Erstickungstod, und der Muskel wird schnell heilen.«

Dann aber bildete sich ein Klumpen in meinem Magen. Der Brustmuskel – der sicherste Muskel, in den sich bei Vögeln ein Präparat am leichtesten injizieren läßt ... der Brustmuskel, das schmackhafte weiße Fleisch, von dem sicher jeder mit Vorliebe ein Stück abschneidet, wenn der Weihnachtstruthahn aufgetragen wird ... der Brustmuskel ist der Motor der Flügel. Pinguine und Weihnachtsputer haben Brustmuskeln im Überfluß, aber sie fliegen nicht, können nicht fliegen. Im Zoo brauchen die Pinguine auch nicht kräftig zu schwimmen. Eine Reaktion, sei es auch eine kleine Muskelschädigung, würde gar nichts ausmachen. Falken hingegen, insbesondere der einst so kraftvolle Kaschmuk, sind nichts, wenn sie sich nicht in die Lüfte schwingen können. Ihr Leben beruht auf Augen und Brustmuskeln in wunderbar orchestriertem Zusammenspiel. Früher hat man den Sturzflug des Wanderfalken auf 400 Stundenkilometer geschätzt, aber Filmaufnahmen zeigen, daß er leicht auf- und absteigt, bevor er mit einer Geschwindigkeit von 60 Kilometern in der Stunde niederstößt. Die dramatischen Sturzflüge des Falken und alles Übrige hängen jedoch vom richtigen Funktionieren der Brustmuskeln ab.

»Hast du Kaschmuk schon fliegen lassen?« fragte Andrew.

»Nein noch nicht.« Mir war plötzlich übel. »Ich will es morgen versuchen.«

»Übrigens noch etwas«, sagte Andrew. »Ich habe den Laborbericht über Chang-Changs Stuhlanalyse. Keine Parasiten oder Erreger, nichts Besonderes. Der Mucus ist nichts weiter als klarer, strukturloser Schleim. Ich habe mit den Tierärzten vom Washingtoner Zoo telefoniert. Sie beobachten manchmal genau das gleiche, aber die Ursache kennen sie nicht.« Ich überlegte. »Am besten unternehmen wir vorläufig nichts. Vielleicht ist es ganz normal, daß Pandas hin und wieder schleimigen Stuhl haben. Aber mir gefallen die Perioden der Lethargie und Appetitlosigkeit nicht.«

Nach diesem Telefongespräch grübelte ich über mein Schicksal nach. Was, wenn es durchsickerte, daß ich Kaschmuk bei der Heilung seiner erkrankten Lungen für immer an die Erde gebunden hatte? In diesem Augenblick rief Sundar mich an. »Der Scheich will morgen abend, wenn's kühl ist, in den Garten kommen, um sich von Kaschmuks Fortschritten zu überzeugen. Sie sollten dann da sein.«

»Ich werde da sein«, antwortete ich und dachte: Lieber Gott, laß Falken widerstandsfähiger sein als Pinguine.

Der schicksalsschwere Tag dämmerte und begann schlecht; die Vorzeichen für Scheich Talibs Besuch ließen, gelinde gesagt, nichts Gutes ahnen. Kurz nachdem die Tore des Zoos geöffnet worden waren, rollte ein Cadillac herein, der eine Schar arabischer Kinder ausspie, denen zwei finster aussehende Beduinen mit Maschinengewehren folgten. Dies war das Gegenstück einer Schulklasse, die für naturkundlichen Anschauungsunterricht von einem gequälten Lehrer durch einen europäischen Zoo geführt werden: Kinder eines Scheichs, die unter der Obhut ihrer Leibwache einen Tag im zoologischen Garten verbrachten. Ich kannte das zur Genüge. Johlend und kreischend verschwanden die Kinder und ihre Hüter auf dem Weg zum Giraffenhaus.

Als ich später im Labor saß und einen Abstrich unter dem Mikroskop betrachtete, platzte Peter, einer der englischen Kuratoren, herein. »Himmeldonnerwetter!« schimpfte er los. »Es ist nicht zu fassen! Das ist die Höhe!« Er warf sich auf einen Stuhl, zornrot im Gesicht, und funkelte mich an.

Ich kannte Peter schon lange, wir hatten in mehreren Zoos in Nordengland zusammengearbeitet. Als Tierfreund durch und durch kannte er keine Nachsicht mit gedankenlosen Menschen. Ich hatte einmal erlebt, wie er im Flamingo-Park mit einem Wärter umgegangen war, der zugelassen hatte, daß sich zwei von Peters geliebten Großkatzen in einem Kampf verletzt hatten. Aber so wütend wie heute hatte ich ihn noch nie gesehen. »Was ist denn passiert?« fragte ich.

Zuerst vermochte er sich kaum zu fassen. Es dauerte eine Weile, bis er hervorstieß: »Die Strauße ... die Strauße ... die verfluchten Kinder bewerfen die Eier mit Steinen.«

Jedes Jahr legten die Strauße in Al Ain Eier und brüteten sie aus; allerdings hatten wir Mühe, die Küken aufzuziehen, denn sie hatten die Tendenz, allzu schnell zu wachsen, und bekamen dadurch Knochenkrankheiten. Die Eier wurden in eine ausgescharrte Sandmulde gelegt und von der Henne und dem sehr kriegerischen rothalsigen Vater gehütet. Dieses Jahr befand sich das Gehege nicht weit vom Zaun entfernt. Ich stand auf, um zur Tür zu gehen.

»Haben Sie es ihnen nicht verboten?« fragte ich.

»Doch, natürlich. Das heißt, ich versuchte es.« Peter winkte mich von der Tür weg. »Es hat keinen Zweck, hinzulaufen. Die Leibwächter erlauben keine Einmischung.«

»Was soll das heißen?«

»Die Kinder sind Scheich Talibs Brut. Sie finden es ungeheuer lustig, die Eier mit Steinen zu bewerfen. Vor meinen Augen haben sie eins zerbrochen. Ich raste hin und schrie sie an, und da geschah es.«

»Was geschah?«

»Sowie ich mich dem Bengel näherte, der der Anführer war, um ihn gehörig zu beuteln, riß ein Leibwächter sein Gewehr von der Schulter und stach es hier hinein.« Peter zeigte auf seinen Bauch. »Stach es mir in den Bauch und sagte, ich sollte mich wegscheren und den Kindern den Spaß nicht verderben.«

Peter verstand recht gut Arabisch. Er hatte begriffen: Wenn die Lieblinge eines Scheichs ein paar Eier zerbrachen, wozu dann ein Aufhebens davon machen? Die Leibwächter trugen immer eine geladene Waffe, ein Maschinengewehr, das bei Betätigung des Abzugs im Dauerfeuer schießt.

»Glauben Sie wirklich, er hätte abgedrückt, wenn Sie auf die Kinder losgegangen wären?«

»Talibs Leute haben einen schlechten Ruf. Ständig kommt es zu ›Unfällen‹ mit geladenen Waffen. Talib ist eine harte Nuß, das sage ich Ihnen.«

Als der Cadillac endlich aus dem Zoo schnurrte, machten wir uns daran, die Straußeneier zu zählen. Drei waren zerschmettert, eins angeknackst. Während Peter den rothalsigen Hahn mit einem Besen in Schach hielt, nahm ich eine Notoperation vor, indem ich den Riß vergipste und mit weißem Nagellack bestrich. So etwas kommt in allen Zoos vor, im Mittleren Osten allerdings besonders häufig.

Danach ging ich wie gewöhnlich mit Sundar zu Kaschmuk, um

ihn zu begutachten. Er machte einen ausgezeichneten Eindruck. Bestimmt würde seine feste Brust die Flügel in Bewegung setzen. »Holen Sie ihn bitte heraus«, sagte ich zu Ali. »Ich möchte, daß er auf einen Köder niederstößt. Nur aus wenig Distanz, damit ich sehen kann, ob er wieder der alte ist.«

Ali befestigte den Köder, eine tote Taube, an einer langen Schnur und brachte dann den Falken in den gleißenden Sonnenschein hinaus. Er warf den Köder ungefähr zehn Meter weit und ließ den Falken los. Kaschmuk breitete die Flügel aus, ließ sie matt flappen und schwang sich auf. Er landete zu seiner eigenen Verwunderung halbwegs zwischen Ali und dem Köder. Es war eine schwerfällige Landung.

Der Falkner schnalzte mit der Zunge und murmelte etwas vor sich hin.

»Er ist ... er ist natürlich noch geschwächt«, sagte ich, wie ich hoffte, in zuversichtlichem Ton. »Ich will ihm ein Stärkungsmittel geben.« Damit entnahm ich meiner Tasche eine Ampulle mit einem Präparat gegen Entzündungen.

»Glauben Sie, daß er heute abend in Ordnung ist, wenn Seine Exzellenz ihn besichtigt?« Sundars Frage klang sehr zweifelnd.

»Na ja, das wird sich zeigen«, antwortete ich, während ich die Spritze füllte.

»Aber wir müssen in zwei Wochen in Pakistan jagen«, bemerkte Ali düster. Er spuckte blutroten Betelsaft einen Millimeter von meinem Schuh entfernt auf den Boden.

Nach der Rückkehr in den Zoo war ich nicht mit dem Herzen bei der Arbeit. Ich fuhr in Chris Furleys Jeep in die Wüste hinaus und legte mich in den Sand. Der Wind säuselte, sonst war kein Laut zu hören. Ich beobachtete eine Kolonne winziger Ameisen, von der Art, die wirklich beißen kann, die ganz in der Nähe hin und her marschierten. Sie gaben einem weißen Kamelschädel, der aus dem Sand ragte, den letzten Schliff. »Wenn Kaschmuk ein Krüppel ist«, sagte ich zu dem blanken Schädel, »könnte meine Zukunft in Arabien ebenso glänzend sein wie deine, mein Freund.«

Als die Sonne tief stand und es kühl zu werden begann, holte mich Sundar mit seinem Wagen ab, und wir fuhren zum Garten, um dort Scheich Talib zu treffen. Der blaue Himmel war zu einer Palette kontrastierender Farben geworden, die dramatisch miteinander verschmolzen. Dunkles Rot wirbelte in Gelb hinein, das rauchigbraun wurde und ein Perlenmeer bildete.

»Sieht sehr hübsch aus«, sagte ich.

»Sieht nach schlechtem Wetter aus«, entgegnete Sundar. »Schauen Sie, da kommen schon die Staubteufel.«

Ich blickte über die flache Wüste. Wirbelnde Staubwolken, nicht größer als ein Mensch, tanzten darüber hinweg.

»Die alten Leute glauben wirklich, es seien Geister auf dem Kriegspfad«, erklärte Sundar.

Als wir zum Garten kamen, wurden die Palmen vom aufkommenden Wind geschüttelt. Der Horizont vor der verhängten Sonne war dunkel. Wir fuhren geradewegs zu den Villen in der Mitte des Gartens. An der Zahl der geparkten Limousinen erkannte ich, daß Seine Exzellenz schon angekommen war. Er saß auf einer Veranda und erlabte sich an Scherbet. Er war umringt von Männern, die zum Teil einen Falken auf dem Handschuh trugen. Andere hatten sich ans Ende der Veranda zurückgezogen und sprachen, auf einem kleinen Teppich kniend, gemächlich ihr Abendgebet. Nach der förmlichen Begrüßung kam der Scheich sofort zur Sache. Er schien in weniger finsterer Stimmung zu sein und keine Schmerzen mehr zu haben. »Wo ist Doktor Furley? Warum ist er nicht hier?« ließ er mich durch Sundar fragen.

Nicht schon wieder! Ich zählte bis zehn. »Doktor Furley ist immer noch im Fernen Osten. Er ist nicht zu erreichen, aber er wird bald wiederkommen. Ich bin immer noch hier.«

Der Scheich schlürfte geräuschvoll sein Scherbet, während er eine Weile nachdachte. »Haben Sie Kaschmuk Spritzen gegeben?«

»Ja. Das Mittel scheint ihn vom Radad geheilt zu haben.«

»Und Kaschmuk ist wieder ganz in Ordnung?«

»Ja ... das heißt, nein. Nach einer so ernsten Krankheit dauert es seine Zeit, bis er wieder zu Kräften kommt.«

»Ali soll Kaschmuk herbringen. Wir wollen ihn fliegen sehen.« Zackig gab Seine Exzellenz den Befehl, und ein Diener huschte davon.

Die Sonne war jetzt ein blutiger Fleck am verwischten Horizont. Der Wind rauschte immer stärker in den Bäumen und Sträuchern des Gartens. Die betenden Männer kniffen die Augen zusammen, und auch ich spürte die stechenden Staub- und Sandteilchen im Gesicht.

»Ein Sandsturm«, flüsterte mir Sundar zu, als Ali mit dem Falken herbeikam und sein flatterndes Gewand festhalten mußte. Kaschmuk trug seine Haube und ließ sich nicht anmerken, ob es ihn störte, daß der Wind seine Brustfedern zerwühlte. Als der Falkner die Stufen zur Veranda heraufkam, verdunkelte sich auf einmal der Himmel, als ob wir plötzlich von Rauch umgeben wären. Sandkörner stachen mir in Augen, Nase und Mund, denn der Sturm pustete mit gewaltigem Atem den Wüstensand in den Garten und über die Veranda. Alles wurde undeutlich und eintönig braun.

»Ins Haus«, schrie Sundar und packte mich am Arm. Der Scheich war schon drinnen. Ali und Kaschmuk wurden hinter mir hineingeschoben.

»Hier können wir Kaschmuk nicht fliegen lassen«, entschied der Scheich, als wir alle ringsum an den Wänden eines teppichbelegten, aber sonst leeren Raumes saßen. Ich lauschte dem draußen heulenden Wind und sah Sandwolken an den Fenstern vorbeiwirbeln. »Sie sagen, Herr Doktor, daß Kaschmuk gesund ist. Er sieht gut aus. Frißt er auch gut?«

»Höchst befriedigend.«

»Her mit einer Taube!«

Ein Mann ging hinaus und kehrte bald darauf staubbedeckt mit einer lebenden Taube zurück. Mit geübtem Griff brach er ihr die Flügel und warf sie auf den Boden.

»Laß Kaschmuk frei!«

Der Falke tat seine Pflicht und Schuldigkeit mit grausamer Gründlichkeit.

»Leider muß ich heute abend nach Abu Dhabi. Schade, daß ich Kaschmuk nicht fliegen sehen kann.« Der Scheich sah mich mit unverhohlener Feindseligkeit an. »Glauben Sie, daß Kaschmuk in zwei Wochen wieder jagen kann?«

»Ich vertraue darauf.«

Gerettet durch einen Sandsturm – er tobte noch drei Stunden lang –, kehrte ich fröhlich in mein Hotel zurück, voller Sand in jeder Körperhöhlung. Die Besorgnis um Kaschmuk und seine Vorführung hatte mich ganz aus der Fassung gebracht; nun bestellte ich mir ein gutes Essen. Dank dem Wüstenwind blieb mir eine zweiwöchige Frist, in der ich mit Kaschmuk ins reine kommen konnte.

Die von den Miconazol-Injektionen hervorgerufene Entzündung mußte dem Falken Schmerzen bereiten, wenn er zu fliegen versuchte, doch allmählich ging die Entzündung zurück. Er fraß weiter tüchtig, und ich wies Ali an, ihm langsam mehr Bewegung zu verschaffen. Dem Wasser wurde ein Antibiotikum beigefügt, das gute Wirkung tat. Mit der Zeit flog er immer sicherer auf einen Köder zu, und eines frühen Morgens, als der Mond immer noch über den Bergen stand, während die Sonne schon ihre ersten Strahlen aussandte, nahmen Sundar, Ali und ich den Falken in die Wüste hinaus. Die Haube wurde ihm abgenommen, der Köder ausgeworfen, und als der Falkner einen schrillen Ruf ausstieß, schwang sich der stolze Falke in die Luft und flog dem verblassenden Mond zu. Die großen Flügel schlugen regelmäßig, während er stieg. Als er einen unsichtbaren Punkt erreicht hatte, neigte er sich elegant auf die Seite und stieß herab. Er ergriff den Köder auf vollkommene Weise, hielt sekundenlang triumphierend inne, derweil die Sonne sein Gefieder vergoldete, und begann dann die Taube zu zerreißen.

»Der Schatten ist fort, Ali«, sagte ich.

»Ja, der Schatten ist fort, Herr Doktor. Kaschmuk wird in Pakistan jagen.« Der Falkner eilte mit leisen Rufen auf Kaschmuk zu.

Kaschmuk ging auf die Jagd, und er jagte gut. Während er in Pakistan war, kehrte mein Assistent aus dem Urlaub zurück, und ich flog nach Hause.

Einige Wochen später rief mich Chris an und erzählte mir, er habe eine Audienz bei Scheich Talib gehabt. »Er ist sehr zufrieden mit Kaschmuk«, sagte er. »Auch sehr froh, daß ich wieder da bin. Ich habe den Eindruck, daß er Sie nicht besonders gemocht hat. Und stellen Sie sich vor, er hat mir einen Range Rover geschenkt! Ein netter Kerl, was?«

9

Der Wärter der Großkatzen im Safaripark Windsor blickte nochmals durch sein Fernglas und zog so scharf den Atem ein, daß sein Gehilfe, der einen Tiger beobachtet hatte, sich umdrehte.

»Was soll denn das?« murmelte der Wärter. »Die Geparde tanzen herum!« Er reichte seinem Begleiter das Fernglas und wies zum Reservat der Geparde hinüber. »Schauen Sie schnell, und dann fahren wir hin. So etwas Verrücktes habe ich noch nie gesehen. Tanzende Geparde!«

Die beiden Männer kletterten in den Landrover und fuhren quer über den Rasen, um die Autoschlangen zu vermeiden, die sich an Sonntagnachmittagen im Juli einen Weg durch dieses Stück dunkelsten Afrikas in Berkshire zu bahnen versuchten. Die Geparde hielten sich in ihrem Lieblingswinkel des Geheges auf, einem schattigen Platz, wo Gary Smart und ich das Gras seit einigen Jahren hatten wuchern lassen, um diesen scheuen und leicht ablenkbaren Tieren zum Paaren etwas Abgeschiedenheit zu ermöglichen. (Das schien sich zu lohnen, denn wir hatten mit der Gepardzucht beginnen können; ein Weibchen hatte sogar einen Sechserwurf gehabt.)

Als sich die Wärter näherten, verstärkte sich der Eindruck, daß die Geparde tanzten. Die langbeinigen, gefleckten Katzen, die wir aus Südwestafrika eingeführt hatten, wirbelten auf ungewöhnliche Weise durcheinander. Es sah aus wie ein Katzenreigen; jedes Tier bewegte sich im Kreis oder ging hin und her; im Stechschritt erhoben sie die Tatzen, Rumpf und Schwanz wiegten sie wie zu einem für das menschliche Ohr nicht hörbaren exotischen Rhythmus. Aber damit nicht genug: Wie rituelle Tänzer in Trance waren sie völlig in sich versunken und schienen ihre Umgebung nicht wahrzunehmen. So reagierten sie überhaupt nicht, als sich ihnen der Landrover ihrer Wärter näherte. Ihre Augen starrten gläsern ins Leere und aus ihren halbgeöffneten Mäulern drang ein leises Miauen.

»Ob das wohl ein Paarungsspiel wie bei balzenden Vögeln ist?« Der Gehilfe wußte nicht viel vom Wesen der Großkatzen, aber sein Vorgesetzter hörte gar nicht zu. Mit seinem tragbaren Funksprechgerät rief er den Kurator Francis Rendell.

»Die Geparde sind verrückt geworden«, sagte er. »Irgend etwas muß ihnen in den Kopf gestiegen sein, vielleicht ist es eine Fleischvergiftung. Der Tierarzt muß sofort gerufen werden.«

Als er wieder auf das gespenstische Ballett blickte, sah er, daß zwei Geparde zusammengebrochen waren und ausgestreckt auf dem Boden lagen. Ein dritter vollführte gerade eine Drehung, sank in einer Spirale auf die Hinterbeine und blieb wie eine Porzellanfigur reglos sitzen. Sechs tanzten weiter. Der Wärter schaute sich um, irgendwo mußten noch mehr Geparde sein. Da erspähte er sie: Sie lagen etwa dreißig Meter von den andern entfernt in der Sonne, ganz friedlich entspannt. Er ging auf sie zu, und als er so nahe an sie herangekommen war, wie es die Vorsicht gerade noch gestattete, erhoben sie sich, starrten ihn an und stampften warnend mit den Vorderpfoten, bevor sie sich abkehrten und in langen Sprüngen davonstoben. Nichts von Tanzen oder Trance.

Der Wärter kehrte schnell zu den zusammengebrochenen Geparden zurück. Sie sahen mitleiderregend aus. Er zog einem, der zu ersticken drohte, die Zunge aus dem Mund und verwünschte laut die irren Tänzer, die ihn umwimmelten.

Als Francis mich anrief, hatte ich gerade ein Gespräch mit Liliana beendet: Es handelte sich um einen neuen Anfall von Lustlosigkeit bei Chang-Chang, wieder begleitet von Mucus im Kot; doch wieder hatten wir beschlossen, vorläufig nichts zu unternehmen.

»Können Sie sofort kommen?« fragte Francis. »Sieht nach einer schlimmen Fleischvergiftung aus.«

Ich hatte schon viele Jahre mit Francis zusammengearbeitet; er zählte zu den erfahrensten englischen Zookuratoren und war Fachmann für Meeressäugetiere. Er ließ sich nicht so leicht aus der Ruhe bringen, hatte bei unzähligen Alarmrufen im Zoo stets einen kühlen Kopf bewahrt, doch diesmal klang er ungewöhnlich erregt. Es mußte also etwas sehr Ernstes sein.

»Ich mache mich gleich auf den Weg. Inzwischen kochen Sie sehr starken Kaffee, eine Unmenge«, sagte ich, nachdem er mir die Symptome beschrieben hatte. Der Umzug nach Lightwater hatte viele Vorteile gebracht. Jetzt konnte ich in zwanzig Minuten im Windsor-Park sein. Für mich war es günstig, im Süden zu leben, während Andrew der Norden unterstand, weshalb ich nur noch selten in den lieben alten Zoo Bellevue kam. Früher war ich manchmal zweimal am Tag von Rochdale nach London oder

Windsor gefahren. Die langen Autofahrten hatten mir nichts ausgemacht, aber die Bußen wegen Überschreitung der Fahrgeschwindigkeit hatten sich gehäuft, und oft hatten mich mein steifer Hals und – infolge der hastig eingenommenen Mahlzeiten – mein Magen gequält. Mit dem Funkgerät im Wagen hatte ich manchen weit entfernten Notfall bewältigen können, aber das ist kein Ersatz, wenn man eigentlich so schnell wie möglich an Ort und Stelle sein müßte. Beim besten Willen ist es, sogar mit polizeilicher Begleitung, nicht möglich, die Dreihundert-Kilometer-Strecke zwischen Lancashire und London in weniger als anderthalb Stunden zurückzulegen, und diese Zeitspanne ist oft einfach zu lang, so daß man zu spät am Ziel ist. Die Geparde waren ein Beispiel dafür, wieviel besser und sicherer unsere jetzige Arbeitsteilung war.

Nach Francis' Beschreibung vermutete ich eine Vergiftung, aber nicht hervorgerufen von vergiftetem Futter, sondern von etwas viel Schlimmeren: von mutwillig verabreichtem Rauschgift. Das kommt nicht selten vor. Tiergärten ziehen Verquere und Perverse an, und auch unter dem Personal gibt es absonderliche Käuze, die sich zu Besessenen entwickeln, lange Gespräche mit den ihnen anvertrauten Tieren führen und allmählich den Sinn für die Realität und gesunde Verhältnisse verlieren. Es kommt vor, daß ein solcher Wärter einen tiefen Haß gegen den Oberwärter oder den Direktor entwickelt, den er als grausam empfindet, wenn er zum Beispiel ein besonders geliebtes Tier verkauft oder eine bestimmte zusätzliche Nahrung verbietet, mit der der Wärter seinen Liebling erfreuen möchte. In jedem Zoo gibt es viele Möglichkeiten, wo die Saat des Hasses aufgehen kann. Die Angestellten sind schlecht bezahlt im Vergleich zu Industriearbeitern; viele sind Idealisten, die eine andere Beziehung zu gefangenen Tieren haben und anders denken als die Zooleitung. Die Direktion kommt mit den Leuten, die tagein, tagaus mit den oft sehr wertvollen Tieren zu tun haben, selten, wenn überhaupt, in Berührung. Der Mann, der bei den Affen saubermacht, wird nicht beigezogen, wenn Architekten in der Limousine vorfahren, um das neue Affenhaus zu entwerfen; und so kommt es, daß er nach der Fertigstellung unter Umständen keinen Platz hat, wo er den Dreck deponieren kann.

Merkwürdigerweise kann der Haß eines Wärters, der einen vermeintlichen oder wirklichen Grund für seine Ablehnung der Direktion hat, auf ein anderes Objekt umschlagen, nämlich auf die

Insassen des Zoos, auf die Tiere. Paradoxerweise wendet sich der Wärter dann gegen seine Tiere. Ich habe dieses Phänomen öfters erlebt: Giraffen wurden nachts in der Dunkelheit ihres Hauses terrorisiert – vier erlagen dem Schock und wurden am Morgen verendet gefunden. Papageien wurden mit Arsen vergiftet, Affen und Vögel totgestochen. Ich beziehe mich nicht auf die Unfälle, die das Werk der Zoobesucher sind, oder von Vandalen, die nachts im Zoo einbrechen. Wenn die Wärter ihren Beweggrund erklären sollten, kam jeweils heraus, daß sie nie aus Haß auf die Tiere ihre schreckliche Tat begangen hatten, sondern stets war es aus Menschenhaß geschehen. »Wer mit Tieren arbeitet, in welcher Eigenschaft auch immer, muß mindestens ein bißchen verrückt sein«, sagte mir einmal ein Zoodirektor. Er könnte damit recht haben.

Natürlich gibt es auch den notorischen Tierquäler, der seinen scheußlichen Trieb von Zeit zu Zeit an Zootieren ausläßt. Allerdings bevorzugt er die wehrloseren Geschöpfte – etwa Wallabys und Pinguine – oder nicht zu verfehlende Ziele wie Krokodile. (Erst kürzlich hatte ich im Chessington-Zoo wieder einen Felspinguin sezieren müssen, den zweiten in einer Woche, dem ein tapferer Marodeur den Schädel eingeschlagen hatte.) Nachdem ein schöner alter Alligator im Zoo Bellevue mit einem fünf Pfund schweren Stein am Kopf getroffen worden war, fraß er in den neunzehn Monaten, die ihm noch blieben, keinen Bissen mehr. Wir heilten zwar die Schädelfrakturen, aber gegen die Hirnverletzungen konnten wir nichts ausrichten. Manchmal finden wir auch Beweise für Vergiftungen: Einem Delphin wurden Fische verfüttert, in denen Kupfersulfat versteckt war, den Bären Schneckengift. Bösartige Verabreichung von Barbituraten hat einem englischen Zoo jahrelang zu schaffen gemacht; ich selbst erlebte das einmal im Bellevue. Damals waren alle Großkatzen betroffen, am stärksten die Tiger. Es ist nicht schwer, die Anzeichen einer Barbiturvergiftung zu erkennen, und meine Diagnose wurde in diesem Fall anhand der Blutproben von einem Laboratorium bestätigt, das darauf spezialisiert ist, »gedopte« Pferde zu ermitteln. Ich war nicht sicher gewesen, ob es sich um einen böswilligen Anschlag gehandelt hatte; denn es besteht ja immer die Möglichkeit, daß die Großkatzen mit unabsichtlich verseuchtem Fleisch gefüttert werden. Es kann vorkommen, daß ein Pferd, welches vom Tierarzt unter Betäubung abgetan worden ist, zu einem Abdecker gelangt, der nicht daran denkt, daß das Pferdefleisch die Droge immer noch enthalten könnte. Als das Laboratorium mich benachrichtigte, man habe den Nachweis für Butobarbiton erbracht, wurde ich jedoch mißtrauisch. Ein Tierarzt würde niemals Butobarbiton zur Anästhesie oder zur Euthanasie benutzen, aber es gibt viele Butobarbiton-Präparate, die der Humanarzt als Schlaftabletten verschreibt. Wie konnte Butobarbiton – zufällig und in großer Menge – den Weg in das Fleisch finden, das zur Fütterung der Großkatzen diente?

Diese Frage klärten wir nie, doch zum Glück vermochten wir damals alle Großkatzen zu retten, und dabei spielte starker Kaffee eine Rolle. Bei allen half ein Klistier dreimal am Tage. Es war ein sicheres und dauerhaftes Stimulans, das gleichzeitig Wasserentzug aus den Körpergeweben und Nierenschädigung verhinderte.

Während ich mit Höchstgeschwindigkeit zum Safaripark fuhr, hatte ich das Gefühl, daß auch die Geparde in Windsor an einer Barbituratvergiftung litten. Ich wollte ihnen Kaffee einflößen, bis er ihnen aus den Ohren fließen würde. Von allen Großkatzen sind Geparde die empfindlichsten und diejenigen, die am ehesten eingehen.

Ich bog in die Einfahrt zum Park ein, winkte dem Mann an der Kasse zu und fuhr geradewegs zum Reservat der Geparde, anstatt mich in die Reihe der Autos einzufügen, die sich langsam an den Reservaten der Löwen und Tiger entlang bewegten. Wie gewöhnlich hupten und gestikulierten die Fahrer wild, als sie mich in falscher Richtung gegen den Verkehrsstrom rasen sahen.

Francis erwartete mich dort, wo mittlerweile drei Geparde reglos lagen.

Einige »Tänzer« waren immer noch auf dem Parkett, andere streiften träge durch das Gras. Geparde sind harmlose Tiere, und sogar in der Paarungszeit ist es ungefährlich, ihr großes Reservat oder ihre Behausung zu betreten. Man kennt keinen Fall von einem Gepard, der einen Menschen angegriffen hätte, und obwohl die Tiere mit großen Zähnen, kräftigen Kiefern und langen, nicht zurückziehbaren Krallen bewehrt sind, benutzen sie ihre Waffen niemals gegen Menschen, sofern man mit ihnen nicht äußerst unklug umgeht. Sie sind jedoch leicht erregbar, und ich glaube, daß sie in der Gefangenschaft eher unter Streß leiden als andere Großkatzen; diese wunderschönen »Katzenwindhunde« brauchen viel Platz, Abgeschiedenheit und sorgfältige Pflege, wenn sie in einem Zoo gedeihen sollen. Das Geparden-Reservat in Windsor gehört zu den besten in Großbritannien; hier gibt es sogar zwei lebhafte Terriers die nachts die Behausungen vor Nagetier-Eindringlingen schützen und tagsüber an Gräben und Zäunen patrouillieren.

»Anscheinend kann man sie in drei Gruppen einteilen«, sagte Francis, als wir uns umblickten. »Die einen fallen einfach um, die andern vollführen diesen Taumeltanz, und einige sind nur auf den Hinterbeinen ein bißchen wackelig. Nur wenige sind ganz normal.« Bei den letzten Worten wies er auf ein großes Männchen, das unter den Buchen einer Ringeltaube nachjagte, der es gelang, ins Geäst zu flüchten.

Ich kniete neben einem bewußtlosen Gepard nieder, fühlte seinen Oberschenkelpuls in der warmen Lende und untersuchte die Augen. Das Maul war ungesund violett verfärbt, der Atem ging schwach und flach. Ein tanzender Gepard streifte mich am Rücken und ich drehte mich nach ihm um. Der Katzenfandango war in Wirklichkeit eine Ataxie, das heißt eine Störung der Bewegungskoordination, die das Zusammenwirken der Muskelgruppen behindert. Francis hatte recht mit seiner Einteilung in drei verschiedene klinische Bilder, nur der Grad war jeweils verschieden. Die erweiterten Pupillen überzeugten mich, daß mich meine Ahnung nicht getrogen hatte: Die Tiere waren gedopt, höchstwahrscheinlich mit einem Barbiturat.

Ich rief den Wärter und fragte ihn: »Wann sind die Geparde das letztemal gefüttert worden?«

»Vor ungefähr fünf Stunden.«

»Waren sie vorher ganz normal?«

»Vollständig normal.«

»Was für Fleisch haben sie erhalten?«

»Offen gestanden, ich weiß es nicht.«

»Sie wissen es nicht. Was soll das heißen, Sie wissen es nicht?« War der Mann blind oder ein Trottel? Mein Ton verriet Gereiztheit.

»Nun ja, einer Gruppe gab ich einen ganzen Kadaver, und ich glaube, daß die kranken Tiere zu dieser Gruppe gehörten.«

»Ja, ja, aber was für ein Kadaver war es, Menschenskind?«

Der Wärter zuckte die Schultern und blies die Backen auf. Er lachte verlegen. »Ich weiß es wirklich nicht, Herr Doktor. Er hatte keinen Kopf und keine Haut. Bloß ein gehäuteter Kadaver, vom Abdecker heute früh geliefert.«

»Wie groß war der geheimnisvolle Kadaver? Ziege, Esel, Gaul, Kuh, Ungeheuer von Loch Ness?«

Er breitete die Arme aus. »So ungefähr. Gute Qualität, fand ich. Im ganzen etwa siebzig Pfund schwer.«

»Mit vier Beinen? Und wie waren die Füße?«

Der Wärter überlegte ein Weilchen. Er sei sicher, sagte er dann, daß der Kadaver aus vier Beinen, einem Rumpf und einem Hals bestanden habe, aber weder er noch sein Gehilfe konnte sich an die Füße erinnern. Wir suchten den Boden ab, wo die Geparde gefüttert worden waren. Nur Blutflecken und ein paar Knochensplitter waren zurückgeblieben. Pferde- oder Ochsenhufe hätten die Geparde nicht gefressen, hingegen Schweinsfüße und die weichen Haxen eines totgeborenen Kalbes. Ich vermutete, daß der namenlose Kadaver keine Füße mehr gehabt hatte. Wie also ihn nun ermitteln?

»In einem Punkt bin ich ganz sicher«, sagte der Wärter, als ich ein unidentifizierbares Knochenstück aufhob. »Die erkrankten Geparde fraßen den Kadaver zusammen, wie die Tiere es ja meistens tun. Gelbband und Blauband dort...« er wies auf die beiden tiefohnmächtigen Geparde, »standen nebeneinander am Hals. Bei den andern weiß ich es nicht mehr so genau, aber ich glaube, Klumpfuß, der ganz gesund zu sein scheint, war am unteren Ende.«

Die Geparde waren leicht zu unterscheiden. Viele trugen am Ohr eine Namensplakette, denn die Familie Smart führte Buch über die Aufzucht. Klumpfuß hatte seinen Namen erhalten, weil sein linkes vorderes Fußgelenk eine sichtbare Verdickung aufwies, die Francis und ich vor langer Zeit geröntgt hatten; sie hatte sich als eine chronische und unheilbare, aber anscheinend schmerzlose Knochendeformierung herausgestellt.

Wenn die Aussage des Wärters stimmte, lag die Annahme nahe, daß das Gift an einer einzigen Stelle des Kadavers, nämlich am Hals, eingeführt worden war. Doch da so viele Tiere unter dem Einfluß der Droge standen, mußte sie sich irgendwie durchs Gewebe verteilt haben. Ich betrachtete das Knochenstück in meiner Hand: Ich hatte nicht nur keine Ahnung, zu welcher Tierart es gehörte, sondern ich wußte auch nicht, was für ein Teil des Skeletts es war. Es konnte ebensogut eine Schwanzspitze wie ein Schädelstückchen sein. Ich steckte es in die Tasche und machte mich ans Werk: Ich wollte versuchen, die narkotisierten Tiere wiederzubeleben.

»Treiben Sie die Geparde, die noch gehen können, in ihr Nachtquartier«, sagte ich zu dem Wärter. »Die andern schaffen wir im Auto hin.«

Bald hatten wir alle Patienten drinnen, und ich begann mit der Antibarbiturat-Behandlung. Francis pumpte sorgsam den starken Kaffee, den er gekocht hatte, in den Darm der fast komatösen Tiere. Nachdem ich Blutproben für die Giftanalyse entnommen hatte, machte ich Injektionen mit Doxapram in die Vorderbeinvene und mit warmen Salzwasser unter die Haut über den Rippen. Die verlangsamte Atmung bewirkte die violette Verfärbung des Maules, die Zyanose anzeigte; sie mußte nachlassen, sobald das Doxapram zum Gehirn zirkulierte. Tatsächlich dehnte sich die Brust stärker, als das Präparat die richtige Stelle erreichte.

Wenn tiefbetäubte Tiere auf der Seite liegen, besteht immer die Gefahr, daß sich in der einen Lunge Blut ansammelt. Das hatte ich vor Jahren bei Mary erlebt, einer Elefantenkuh im Zoo Bellevue, die an Zahnweh gelitten hatte; sie war an hypostatischer Pneumonie eingegangen, die sehr rasch nach der Lungenkongestion eingesetzt hatte. Da man Geparde entschieden leichter bewegen kann als Elefanten, befahl ich einem der Wärter, bei den betäubten Tieren zu bleiben und sie alle zwanzig Minuten auf die andere Seite zu drehen, bis sie sich regten. Tiefnarkotisierte Tiger müssen unter Umständen zwei Tage und zwei Nächte lang regelmäßig umgedreht werden.

Vorläufig konnten wir sonst nichts unternehmen. Die Injektionen mußten alle sechs bis sieben Stunden wiederholt werden. Morgen würde es sich zeigen, ob wir gesiegt hatten.

Mit Francis zusammen sah ich mir die anderen Tiere an. Sämtliche Geparde, die abseits der betroffenen Gruppe gefressen hatten, zeigten keine Krankheitszeichen, ebensowenig die Löwen und die Tiger. Demnach beschränkte sich die Fleischvergiftung so gut wie sicher auf die Tiere, die von diesem seltsamen, unbekannten Kadaver gefressen hatten. Sicherheitshalber wies ich die Wärter an, den Rest der Rind-, Schaf- und Schweinefleischvorräte nur zur Fütterung alter Löwen zu verwenden. Sie waren widerstandsfähiger und, um die Wahrheit zu sagen, weniger kostbar als die Geparde. Francis sollte beim Abdecker neues Fleisch bestellen und ihn gleichzeitig fragen, ob er uns über Wesen und Ursprung des geheimnisvollen kopflosen Kadavers nähere Auskunft geben könne.

Die regelmäßige Behandlung der betäubten Geparde wurde fortgesetzt. Die Doxapram-Injektionen, die in die benebelten Gehirnzellen eindrangen, die Wirkung des Barbiturats abschwächten und die Atmung anregten, mußten verstärkt werden. Auch die Nierenfunktion brauchte Antrieb durch sorgsame Berechnung der injizierten Kochsalzlösung. Aber am folgenden Tage hatte sich die Lage sichtlich gebessert. Nur zwei Geparde standen noch auf der Liste der Gefährdeten, doch auch sie kamen allmählich zu sich. Das erkannte ich an den Ohren, die zuckten, wenn ich kaltes Wasser hineinträufelte, und daran, daß sie ihre langen Beine ein wenig anzogen, wenn ich sie an der zarten Haut zwischen zwei Krallen zwickte. Zu meiner Freude knurrte der eine Gepard sogar mißbilligend, als ich den After mit einer Bleistiftspitze berührte, um die Reaktion des Schließmuskels zu prüfen.

Wie ich befürchtet hatte, konnte uns der Abdecker keine brauchbaren Informationen liefern. Viele Dutzend Tiere gingen täglich durch sein Leichenhaus – Rinderviertel, denen Menschenzähne nicht gewachsen waren, vom Blitz erschlagenes Vieh, verunfallte Pferde und Ponys, die hatten abgetan werden müssen, Säue, die beim Werfen verendet waren, Schafe, denen ein Hund zugesetzt hatte, manchmal auch an Altersschwäche eingegangene Zootiere. Es ließ sich unmöglich sagen, aus wie vielen oder was für Tieren die Lieferung – immerhin ein Gewicht von einer halben Tonne – an dem fraglichen Tag bestanden hatte.

Es sah ganz so aus, als ob wir die Lösung des Rätsels niemals finden würden. Wie bei einem perfekten Verbrechen war die Leiche verschwunden, nur mit dem Unterschied, daß die Leiche gleichzeitig die Mordwaffe gewesen war. Doch da fiel mir das Knochenstück ein, das ich gefunden hatte. Ich kramte es hervor und betrachtete es nochmals. Noch immer ahnte ich nicht, von was für einem Tier es stammen mochte. Wie dahinterkommen? Ich wußte, daß man im gerichtsmedizinischen Institut den Ursprung eines Gewebestückchens oder eines Blutstropfens ermitteln konnte. So beschloß ich, mich an Professor Harrisons tiermedizinische Fakultät in Cambridge zu wenden, und zwar ans anatomische Institut; vielleicht war dort jemand imstande, aus der Struktur des Knochenstückchens Schlüsse zu ziehen. Mit der nächsten Post gab ich das Päckchen samt Begleitschreiben auf. Bald danach erhielt ich den Bericht über die eingesandte Blutprobe: Das Laboratorium hatte im Blut der betäubten Geparde Pentobarbiton festgestellt.

Während die Tage vergingen, mußte ich immer weniger Doxapram injizieren, aber um so wichtiger wurde die Flüssigkeitszufuhr, um die Dehydration zu bekämpfen, denn die Geparde tranken ja nicht. Als die Tiere genügend bei Bewußtsein waren, um wieder von ihren Zähnen und Krallen Gebrauch zu machen, verabreichte ich ihnen die Kochsalzinfusionen in den beiden Quetschkäfigen, mit denen ihr »Lazarett« ausgestattet war. Nach und nach wurden die Katzen wieder normal, und als sie endlich fest auf den Beinen stehen und wieder fressen und trinken konnten, war es Francis und seiner Mannschaft endlich möglich, sich wieder einmal etwas auszuruhen.

Die Anatomen von der Universität Cambridge wurden fündig; gerade als die Geparde keiner Behandlung mehr bedurften, kam der Bericht: Das Knochenstückchen stammte vom Oberschenkelknochen eines Rindes. Ich besprach mich mit Francis, und wir waren beide unbefriedigt. Wir wußten ja von dem Wärter, daß es sich um einen ganzen Kadaver gehandelt hatte, und zwar um einen nicht sehr großen. Also mußte der Kadaver ein großes Kalb gewesen sein. Die Tatsache, daß die am stärksten vergifteten Geparde am Hals gefressen hatten, ließ darauf schließen, daß das Barbiturat in die Drosselvene injiziert worden war. Wenn sich beim Einstich ein Bluterguß ergeben hätte, was mitunter vorkommt, hätte sich die Droge in ziemlich starker Konzentration im Halsgewebe angesammelt und wäre dort lange genug geblieben, um jedes Lebewesen, das von dem Fleisch aß, zu vergiften. So standen wir vor der großen Frage: Was für einen Grund konnte ein Mensch haben, einem Kalb intravenös ein Barbiturat zu injizieren? Hunde, Katzen und manchmal auch Pferde werden vom Tierarzt auf diese humane Weise abgetan, aber noch nie hatte ich gehört, daß man bei einem Kalb so vorgegangen wäre. Ein Bauer, der ein Kalb verkaufen will, bringt es zum Schlachthaus, wo es auf humane Weise getötet wird, und zwar ohne Beeinträchtigung des Fleisches.

Es kam vor, daß man ein Tier für eine Operation mit intravenös injiziertem Pentobarbiton anästhesierte, auch zwecks Kastration, und daß es in der Narkose verendete. Aber das schien uns höchst unwahrscheinlich, denn die Barbiturate, die man früher zur Betäubung des Viehs benutzt hatte, waren ihrer vielen Nachteile wegen längst durch wirksamere und risikofreiere Präparate ersetzt worden. Ich konnte mir nicht vorstellen, daß ein Tierarzt bei einer Operation immer noch das ziemlich langfristig wirkende Pentobarbiton anwendete, ein Präparat, das vom Körper nicht leicht verarbeitet wird, und dessen Gegenmittel gar nicht mehr hergestellt wird. Der Abdecker, den wir befragten, konnte sich nicht an irgendwelche Kälber erinnern, die während eines Eingriffs verendet wären; aber gewöhnlich erfahren die Abdecker keine Einzelheiten; sie holen einfach die Kadaver ab und stellen keine Fragen.

Die dritte Möglichkeit stimmte uns besonders besorgt – mutwilliges, bösartiges Vorgehen. Konnte jemand eine Handvoll Nembutal-Schlafkapseln in den offenen Hals gestopft haben? Es wäre zu machen gewesen, obwohl die Sicherheitsvorkehrungen im Windsor-Park nichts zu wünschen übrigließen und der Fleischvorratsraum mitten im Reservat der Großkatzen lag. Ich kannte alle Wärter und konnte nicht glauben, daß einer von ihnen etwas so Unsinniges tun würde. Ein Außenseiter kam jedoch kaum in Frage, es sei denn, der Kadaver wurde bereits vergiftet, bevor er in den Tierpark gelangte.

Das Rätsel war unlösbar und ist es bis auf den heutigen Tag geblieben. In Windsor sind seither keine Barbituratvergiftungen mehr vorgekommen; aber jedesmal, wenn ich durch das Reservat der Geparde fahre und die schönen Katzen elegant wie Sphinxe unter den Bäumen liegen oder erwartungsvoll dem Futterwagen nachjagen, frage ich mich: Wie ist die Betäubungsdroge damals nur in das unselige Kalb gelangt?

Obwohl ich nun schon so lange im Süden lebte, daß ich mich an die Hügellandschaft und das wässerige Bier gewöhnt hatte, wußte ich meine Verbindung mit dem Norden durch den Zoo Bellevue in Manchester immer noch zu schätzen. Dort hatte ich meine Arbeit mit exotischen Tieren angefangen, und da ich deshalb an ihm hing, betrachtete ich es als einen persönlichen Verlust, als ich hörte, daß der Zoo geschlossen werden sollte. Die berühmten Anlagen, die unter der Herrschaft König Wilhelms IV. errichtet worden waren, hatten das Ende ihrer Tage erreicht.

Als ich die Mitteilung erhielt, konnte ich es kaum glauben. Manchester ohne Zoo Bellevue? Wo ich die erste Kreuzung zwischen Löwe und Tiger, die in England Tigon genannt wurde, als Kind gesehen hatte? Wo noch jetzt die uralten Mogulenpavillons nachgebildeten Tierhäuser standen, wo Alligatoren zum erstenmal in einem englischen Zoo Eier gelegt hatten, wo es bis vor einigen Jahren die besten Aquarien, die besten Affen- und Reptilienhäuser gegeben hatte? Bis Mitte der sechziger Jahre hatte der Zoo

Bellevue neben zwei anderen Tiergärten die größte Sammlung in Großbritannien beherbergt. Dort hatte ich mir mit viel Herzeleid, unsäglicher Mühe, mit Unverständnis und gelegentlichem Triumph die Grundkenntnisse meiner Wissenschaft zu eigen gemacht, hatte zum erstenmal einen Elefanten seziert und einen Gorilla anästhesiert, hatte einem Flamingo ein Holzbein gemacht und einem Wallaby eine Plastiksehne eingesetzt, zum erstenmal einem Äffchen mit Kaiserschnitt auf die Welt geholfen und neugeborene Zwillingseisbären wiederbelebt. Der Zoo Bellevue sollte verschwinden?

Die Wahrheit war, daß der alte Zoo aufgehört hatte, mit Anmut zu altern, und offensichtliche Anzeichen des Verfalls aufwies. Fehlberechnungen hatten in den letzten Jahren zu einer wirtschaftlichen Arthritis geführt, einem Leiden, das die klassischen Tiergärten in allen Großstädten bedroht.

Es kamen viele Faktoren hinzu: der Zustand mancher Gebäude, die allzu lange vernachlässigt worden waren und deren Ersatz jetzt viel zu teuer zu stehen kommen würde; die Kosten für die Erhaltung einer großen Tiersammlung auf einem Areal, dem Grasflächen fehlten; Konkurrenz seitens der modernisierten zoologischen Gärten sowie der Safariparks, die dem Publikum Gelegenheit zu einem Landausflug gaben, statt sie in eine verrußte Industriestadt zu locken; vor allem der Verlust des Zweckbewußtseins. Bellevue war nicht der einzige Zoo, der es versäumt hatte, sich dem schnellen Wandel der Welt anzupassen; durch den starken Einfluß des Fernsehens erkannte das Publikum immer mehr das Wesen des Lebens in der Wildnis, so daß sich die Grundregeln der Tierausstellung geändert hatten. Der Zoo hatte nie begriffen, daß die Leute jetzt mehr danach verlangten, belehrt statt unterhalten zu werden.

Die Bewegung des großen Geschäfts in der Zoo-»Industrie« sollte sich als ein langsames, aber tödliches Gift für viele bedeutende Sammlungen erweisen – und dieser tödliche Verlauf ist noch nicht am Ende angelangt. Kapitalkräftige Gesellschaften suchten Anlagemöglichkeiten mit der Hoffnung auf große Renditen, und das aufblühende Gebiet der Freizeitbeschäftigung erwies sich als reicher Jagdgrund. Tiergärten gehörten ins Gebiet der Freizeitbeschäftigung, genau wie Fußballfelder, Kegelbahnen und Jahrmärkte – man packe also zu und errichte einen Zoo. Verlieh die Dimension des »Lebens in der Wildnis« unter den einarmigen

Banditen, den Selbstbedienungsläden und den Diskotheken dem Bild der Gesellschaft nicht außerdem einen Hauch von Klasse? O ja, lautete die einstimmige Antwort der Financiers und Unternehmer, die aus jeder Art der Freizeitbeschäftigung Kapital schlugen.

Das große Geschäft in der Zoowelt nahm seinen Anfang mit zwei verhängnisvollen Irrtümern. Erstens mit der Annahme, der Zoologe sei ein Geschäftsmann, und zweitens mit dem Glauben, jeder Mensch verstehe etwas von Tieren. Hatte nicht jeder Bankier, Stammtischpolitiker, Schneider oder Möbelfabrikant zu Hause einen Kanarienvogel, Hund oder Goldfisch? Schaute sich nicht jeder die Tiersendungen im Fernsehen an, kannte nicht jeder Bambi, und waren nicht alle, die ihre Ferien auf den Kanarischen Inseln verbracht hatten, schon auf einem Kamel geritten? Jeder liebt Tiere, folglich kann jeder einem Zoo vorstehen, oder etwa nicht? Immer wieder staunte ich über die Vorsitzenden, Sekretäre, Buchhalter und Rechtsberater der auf der Zooszene neu auftauchenden großen Firmen; diese Leute glauben tatsächlich, weil sie einen Hund haben oder auf ihrem Landsitz ein paar Schafe weiden lassen, sie seien befähigt, über die Fütterung der Tapire oder die Behandlung der Beutelteufel Gesetz und Recht zu sprechen. Ich weiß noch, als ein Zoo, mit dem ich zu tun hatte, von einer solchen Firma übernommen wurde, hielt mir der Vorsitzende, der einen Landsitz hatte, wo ein Bauer seine Kühe weiden lassen durfte, einen hochtrabenden Vortrag über die Haltung exotischer Tiere, auch des zum Zoo gehörigen Schwertwals, des ersten, den er jemals im Leben gesehen hatte.

Das schlimmste Gift, das in die Zoowelt eindrang, schlimmer noch als Maul- und Klauenseuche oder Milzbrand, war die allmächtige Buchhaltung. War nicht – so lautete die Begründung – die Technik der finanziellen Leitung bei jeder Organisation dieselbe, ganz gleich, um was für ein Gebiet es sich handelte? Es ist alles nur eine Frage der systematischen Anwendung guter Geschäftsprinzipien, die für sämtliche Einheiten gelten. Tiergärten bestehen ja aus Einheiten, mit denen der Rechnungsführer spielen kann, aus Gebäuden und Tiergruppen, sogar aus einzelnen Tiereinheiten. Jeder Geschäftsleiter, der seinen Taschenrechner wert war, sah sofort, daß Tiergärten genauso betrachtet werden mußten wie Restaurants, Vergnügungsstätten und Spielkasinos.

Das war ein Irrtum.

Es braucht wohl kaum betont zu werden, daß Tiger, Schildkröten und Turakos ganz anders sind als Verkaufsautomaten, Berg- und Talbahnen und Nachtlokale. Aber dennoch dauerte es einige Zeit, bis der Groschen fiel, was das große Geschäft anbelangte.

Im Zoo Bellevue hatten hervorragende Zoologen, die wie zum Beispiel Ray Legge die Verantwortung für die Pflege der Tiere trugen, nie einen Sitz im Vorstand. Im allgemeinen wurde den Angestellten, die sich auf Wildtiere verstanden und über Erfahrung verfügten, von den neuen Gesellschaften kein Posten im Verwaltungsrat zugestanden. Im Zoo Bellevue ging es in dieser Hinsicht nicht ganz so schlecht zu wie in anderen Tiergärten, wo größere Entscheidungen, etwa Errichtung und Entwurf eines neuen Tierhauses, getroffen wurden, ohne daß die Zoologen nach ihrer Meinung gefragt wurden. So lag das Schicksal der Tiere letzten Endes in den Händen von Juristen, Finanzleuten, Spekulanten und der gesichtslosen »Geschäftsleitung«.

Ich gewöhnte mich wohl oder übel daran, daß mir dumme Fragen gestellt wurden: Wie sollte das Budget für Krankheiten im nächsten Rechnungsjahr veranschlagt werden? Was würde sich als weniger kostspielig erweisen; qualitativ schlechteres, billigeres Futter und Zunahme der Krankheitsfälle oder besseres, teureres Futter und weniger Krankheitsfälle? Ein Buchhalter beklagte sich bei mir sogar über die Schwierigkeit, den finanziellen Ertrag eines Elefanten zu berechnen, wenn man die Kosten für Fütterung und Heizung dagegensetzte. »Wir müssen wirklich eine Möglichkeit finden, die Produktivität je Tier zu berechnen«, stöhnte er. »Bei Seelöwen, Reitkamelen und Ponyritten ist das nicht weiter schwierig, weil bei ihnen ja extra Eintrittsgeld verlangt wird. Aber diese Elefanten! Nur immer laufende Ausgaben, Riesenfuttermengen und keine klingende Münze.«

Vermutlich meinte er sauber getippte Zahlen auf der Sollseite seines Kontobuchs. Was hatte dieser Mann in einem Zoo zu suchen!

Natürlich kann ein Zoo nicht mit roten Zahlen überleben, er muß Gewinn bringen. Ein Elefant verzehrt täglich eine Unmenge Futter, und das Geld für die Bezahlung des Futters muß irgendwie hereingewirtschaftet werden; insofern ist jeder Zoo ein kommerzielles Unternehmen. Das Problem ist das Konzept des Gewinns: wie hoch er ist, wie hoch er sein müßte, wozu er verwendet werden sollte.

Ich bin keineswegs der Ansicht, man sollte die Tiergärten in gewinnbringende und verlustbringende Unternehmen einteilen, womit im ersten Fall ein »guter« Zoo gemeint wäre, im zweiten jedoch ein »schlechter«. Die Erneuerung in den sechziger und siebziger Jahren, die von Leuten wie Jimmy Chipperfield (dem Vater der Safariparks), Pentland Hick (Leiter des Flamingoparks und Pionier der Delphinarien) und der Familie Smart (Safaripark Windsor) bewirkt wurde, hat eine qualitative Verbesserung der Tiergärten herbeigeführt. Diese Unternehmungen haben nicht nur Gewinn gebracht, sondern auch den Tieren vor und hinter den Kulissen die beste Behandlung angedeihen lassen. Warum haben sie so glänzenden Erfolg gehabt, wohingegen die größeren, straffer organisierten Firmen, die voller Selbstvertrauen ihren Spuren folgten, früher oder später vom Pleitegeier bedroht wurden?

Bestimmt würden die Leute der großen Firmen, auch die Buchhalter, beteuern, sie liebten Tiere, aber mit Liebe allein ist es nicht getan, wenn Tierhaltung mit Erfolg betrieben werden soll. Man braucht nicht unbedingt Doktor der Zoologie oder der Veterinärmedizin zu sein, sondern man muß ein Gefühl für lebende Geschöpfe und Freude an ihnen haben. Das war bei Chipperfield, Hick, den Smarts und auch bei Gerald Durrell (Jersey) in Hülle und Fülle vorhanden. Den großen Geschäftsleuten fehlte es. Das war der Hauptgrund ihres Mißerfolgs. In einem guten Zoo stehen die Tiere an erster Stelle, die Besucher reagieren, und ein Gewinn kann sich ergeben. Dreht man die Reihenfolge um und setzt den Gewinn an die erste Stelle, so geraten die Tiere unter Druck, die Ausstellungen leiden, die Besucherzahl sinkt, und ein schlechter Zoo verschlechtert sich immer mehr.

Bevor der Zoo Bellevue seine Tore schloß, war Ray Legges Nachfolger Peter Grayson dort Direktor. Ihm fiel die traurige Aufgabe zu, den Tierbestand zu veräußern, wozu er fast anderthalb Jahre brauchte. Es war beinahe unmöglich, für einige ältere Insassen ein neues Heim zu finden. In den letzten zehn Jahren hatten sich die englischen Tiergärten ihren Bestand größtenteils selbst beschafft. Viele Arten lassen sich jetzt leicht aufziehen; bei anderen – so bei Tigern, Löwen, Pumas, Bären und verschiedenen Huftieren – besteht sogar das Problem der Überbevölkerung. Im Jahr 1965 mußte man in Großbritannien für einen Löwen 250 bis 300 Pfund bezahlen. Heute ist er nur noch ein Fünftel dieser Summe wert. Eine vorschriftsmäßig gebaute Transportkiste kostet etwa 150 Pfund – der Behälter ist also wertvoller als der Inhalt! Erst der tote König der Tiere gewinnt traurigerweise an Wert; wegen des lebhaften Fellhandels erzielt ein verendeter Löwe wieder denselben Preis wie 1965 ein lebender.

Wir begannen mit der Empfängnisverhütung bei Tieren nicht zu früh. In Windsor wurde die Löwenzucht von jeher genau auf die Nachfrage neuer Tiergärten im In- und Ausland abgestimmt, und wir führten sogar junge Löwen von Windsor nach Afrika aus. Auf dem Höhepunkt der Nachfrage zogen wir jährlich hundert Löwenjunge mit der Flasche auf, ohne je ein einziges zu verlieren. Als die Nachfrage nachließ (wohlgemerkt von Tiergärten, denn die Smarts belieferten nie Spinner, die sich exotische Tiere als Hausgenossen zulegen), fingen wir mit der Sterilisierung der Löwinnen an, die dann alle mit einer farbigen Ohrenmarke bezeichnet wurden. Zuerst benutzten wir die »Pille«, indem wir sie dem Fleischfutter beimengten; später fanden wir es besser, ihnen langfristig wirkendes Progesteron zu injizieren. Heute haben wir ein noch besseres Verfahren: Der anästhesierten Großkatze wird eine kleine poröse Tube, die ein empfängnisverhütendes Präparat enthält, unter die Haut implantiert. In meinen Zeugnissen mache ich immer eine Zeichnung, auf der die Stelle genau bezeichnet ist (bei Tigerinnen wähle ich möglichst eine Stelle an der Seite, wo zwei Streifen zusammentreffen), damit das Implantat wieder entfernt werden kann, wenn die Sterilisierung rückgängig gemacht werden soll. Nur in seltenen Fällen unterbinde ich beim Weibchen die Eierstöcke oder beim Männchen den Samenleiter. Mit der einfachen und reversiblen Technik kann man zukünftiges Geschehen offen halten.

Allenthalben sind die Tiergärten durch die starke Vermehrung vieler Arten aus dem Gleichgewicht geraten, denn manche Arten sind andererseits Mangelware geworden, zum Beispiel männliche Lamas. Darum mußte Peter Grayson ganz Europa abgrasen, um für die Bellevue-Tiere, an denen er ebenso hing wie ich, eine Unterkunft zu finden. Alte Freunde, um die ich gebangt, mit denen ich mich abgequält hatte, seit sie geboren worden oder in den Zoo eingetreten waren, verstreuten sich mit der Zeit in alle Welt.

Der traurige Auszug vollzog sich eher tröpfelnd als fließend. Jedesmal wenn ich zu meinem Routinebesuch in de[illegible]
kam, waren wieder einige meiner alten pelzigen o[illegible]
Freunde verschwunden. Es bot sich mir stets das g[illegible]
waren nicht mehr da, aber auf dem Boden lagen n[illegible]

und Exkremente. Die Käfige, die seit 1836 nie leer gewesen waren, wurden nach dem Auszug der Tiere nicht mehr gesäubert. Sehr schnell, als ob die Natur sich in ihrer Beschämung beeilen wollte, trat Verwesung ein; Unkraut, Schimmel, Rost und Wind übernahmen die Herrschaft, und Spatzen zogen in die stillen Häuser ein, so daß man sich kaum mehr vorstellen konnte, daß hier einst Geräusche, Gerüche und Blutwärme des Urwalds, der Sümpfe und Steppen Leben verbreitet hatten.

Einigen meiner alten Patienten war ein gutes Los beschieden. Die Elefantenkuh Twiggy kam nach Amersfoort in Holland, wo ich immer noch über sie wache, und der schöne Madrider Zoo erwarb die großen Alligatoren. Andere hatten weniger Glück. Das arme alte Flußpferd Herkules, der unbestrittene König des Tropenhauses, übersiedelte nach Cleethorpes und entging mit knapper Not der Euthanasie, als der dortige Zoo kurz nach seiner Ankunft Bankrott ging und niemand Herkules haben wollte, und als er dann endlich nach Dudley gelangte, bekam er es wegen seiner ungeheuren Zähne mit neuen Problemen zu tun. Er ging kurz darauf ein.

Die beiden Gorillas Susi und Jo-Jo, die ich seit ihrer Kindheit betreut hatte, wurden tragischerweise getrennt. Susi ging nach Bristol, Jo-Jo nach Chester. Jo-Jo, ein prachtvoller »Silberrücken«, war noch nicht lange dort, als er krank wurde und verendete. Ich weiß, es ist ganz unwissenschaftlich und paßt auch nicht zu mir, wenn ich es sage, aber ich bin überzeugt, daß der Kummer über die Trennung von seiner langjährigen Lebensgefährtin, zusammen mit der neuen Umgebung, bei seinem Tod eine große Rolle gespielt hat. Ich bezweifle den Bericht des Pathologen nicht im geringsten, doch nichts kann mich von dem Glauben abbringen, daß Susi und Jo-Jo immer noch glücklich zusammenleben würden, wenn der Zoo Bellevue nicht geschlossen worden wäre.

Einige der Schimpansen, darunter einer, dem ich einen Tumor am Brustfell herausoperiert hatte, sah ich kürzlich in einem Wanderzirkus wieder.

Um der Gesellschaft, die das Areal weiterverwenden wollte, nicht zu schaden und in der Öffentlichkeit kein böses Blut zu machen, hielten wir es geheim, daß etliche Tiere abgetan wurden, als Peter nicht einmal eine Möglichkeit fand, sie an Leute zu verschenken, die gut für sie hätten sorgen können. Als in späteren [illegible]en einige Schlangen aus dem Vivarium entwichen, fast als ob sie einen verzweifelten Ausbruch in die Freiheit unternehmen wollten, machte die Gesellschaft das Reptilienhaus dem Erdboden gleich – nur für alle Fälle. Alle anderen Häuser ließ man verfallen. Es war eine schreckliche Zeit.

Im gleichen Verhältnis, wie sich die Zahl der Tiere verringerte, wurde auch das Personal entlassen. Matt Kelly, der größte aller englischen Oberwärter, der mich als Student und jungen Tierarzt viel über das Wesen der Tiere gelehrt hat, ließ sich pensionieren. Schließlich hatte Peter nur noch die Elefantenkuh Ellie May und einen Wärter, der sie betreute. Der Zoo Bellevue bestand immer noch, mit einem Wärter, einem Tierarzt und einem guten alten Indischen Elefanten. Wir vier trafen uns regelmäßig im Viktorianischen Elefantenhaus. Ellie May kaute Äpfel und beguckte uns aus glänzenden Äuglein, während wir ihre Zukunft besprachen. Etwas stand fest: Niemand wollte Ellie May kaufen oder als Geschenk übernehmen.

Als sich der zweite Winter nach der offiziellen Schließung des Zoos näherte, betrachtete die Gesellschaft die Aussicht auf Heizungs- und Futterrechnungen für einen einzigen Insassen mit Mißmut. Was sollte geschehen? Gerüchteweise kam mir zu Ohren, daß sich der Vorstand der Gesellschaft Sorgen machte. Wenn sich für die Elefantenkuh kein Heim finden ließ, mußte sie eben eingeschläfert werden, damit der Zoo von Manchester endlich abgeschrieben werden konnte. Ironie des Schicksals: Was für mich vor vielen Jahren in eben diesem Elefantenhaus mit der Sezierung einer ungeheuren Körpermasse begonnen hatte, das sollte hier zum geschlossenen Kreis werden. Meine Arbeit im Bellevue hatte mit dem Tod eines Elefanten angefangen und sollte nun auf gleiche Weise enden. Aber im Gegensatz zu dem von schmerzhafter Osteoarthritis verkrüppelten Bullen Chota war Ellie May kerngesund und quietschvergnügt. Nichts hätte mich dazu bewegen können, ihr Todesurteil zugunsten der Gesellschaft zu unterschreiben. Es behagte mir nicht, sie allein in dem großen Haus zu lassen, in dem einst Elefanten, Flußpferde, Papageien und Menschen Leben verbreitet hatten, aber lieber das als sie töten, auch wenn die Gesellschaft noch zehn Jahre lang beträchtliche Unkosten hatte.

So gerieten wir in eine Sackgasse. Ohne Zertifikat von mir gab es keine Möglichkeit, Ellie May sauber aus dem Weg zu räumen. In diesem Punkt stimmten Peter und ich vollkommen überein.

Der zweite Winter kam, und noch immer lebte Ellie May im

Zoo. Dann teilte mir Peter eines schönen Tages die große Neuigkeit telefonisch mit. Der Rotterdamer Zoo hatte eingewilligt, Ellie May mitsamt den Transportkosten zu übernehmen! Wir waren selig; der Zoo von Rotterdam genoß einen guten Ruf unter den europäischen Tiergärten, und dort hatten die Tiere alles, was sie brauchten.

»Hanne, jetzt ist alles gut«, sagte ich, nachdem ich den Hörer aufgelegt hatte. »Endlich ist Ellie May bestens untergebracht! Gott sei Dank wird sich der letzte Auszug würdevoll vollziehen.«

»Phantastisch! Siehst du, ich sagte immer, du solltest dir keine Sorgen machen.« Sie freute sich ebensosehr wie ich.

Hanne holte eine Flasche polnischen Wodka, und wir tranken auf Ellie May und den letzten Akt im Dasein des großen Zoos, dem ich so viel zu verdanken hatte. Wir ahnten nicht, daß der Zoo Bellevue noch nicht mit mir fertig und der Geist des vor einem Vierteljahrhundert verendeten Chota noch nicht ausgetrieben war.

Ellie May war eine eigenwillige Elefantendame, die von jeher an ihren Ansichten über das, was ihr paßte und was nicht, festgehalten hatte. Sie schätzte ihren Wärter, dunkles Bier, Brötchen, Mäuse (die man jeden Morgen mit ihr tafeln sehen konnte) und Schirme, die sie mit Vorliebe den Eigentümern weggeschnappt und zerkaut hatte. Ihre Abneigung galt Zwiebeln, Tierärzten mit einer Spritze in der Hand und schrägen Flächen. Viele Elefanten gehen nicht gern über eine Rampe oder sonst eine schiefe Ebene, und sie sind sehr empfindlich gegen alles, was unter ihren Füßen nachgibt oder leicht wackelt. Vielleicht würde es uns Menschen ebenso ergehen, wenn wir ein Gewicht von zehn Tonnen hätten. Elli May hatte in der Vergangenheit schon öfters bewiesen, daß sie in bezug auf Laderampen sehr eigensinnig sein konnte. Vielleicht haftete in ihrem Elefantengedächtnis die Erinnerung an ein böses Kindheitserlebnis mit einer schiefen Ebene. Peter wollte es auf nichts ankommen lassen und fragte mich, ob es nicht ratsam wäre, ihr vor dem Verladen ein leichtes Beruhigungsmittel zu geben.

»Wir führen sie zu zweit aus dem Elefantenhaus, auf der einen Seite der Wärter, auf der anderen ich«, erklärte er mir. »Den Lastwagen fahren wir rückwärts direkt vor die Tür, und die Rampe wird mit Strohballen verkeilt. Hinaus aus dem Haus, die Rampe hinauf und hinein in den Wagen. Wäre da nicht ein Beruhigungsmittel gut?«

»Auf keinen Fall«, entgegnete ich. »Sie darf nicht im geringsten benommen sein. Es wäre katastrophal, wenn sie auf der Rampe zusammensacken würde und ein Schläfchen halten wollte.«

»Sie hat aber ihren eigenen Kopf. Eine Verweigerung, und wir müssen sie mindestens noch ein Jahr hierbehalten. Und wenn sie wirklich will, ist sie imstande, von der Rampe hinunterzutreten und in die Stadt zu fliehen!«

Ich hatte selbst erlebt, was Ellie May anrichten konnte, wenn sie es mit einer schiefen Ebene zu tun bekam. Als einmal ein Dokumentarfilm fürs Fernsehen gemacht wurde, bei dem Peter sie im Stil der indischen Elefantentreiber ritt, war sie regelmäßig Amok gelaufen, sobald sie im Zoo zu einer schrägen Stelle des Zementbodens gelangte. Da stob sie davon zu den Bäumen und entledigte sich ihres Reiters, der von den Ästen weggefegt wurde, so leicht und brutal, als ob sie eine juckende Zecke loswerden wollte. Vielleicht war es doch angebracht, ihr vorsorglich ein leichtes Beruhigungsmittel zu injizieren.

»Also gut, ich gebe ihr eine halbe Stunde vorher einen Tropfen Azepromazin«, sagte ich. »Am besten verladen wir sie in der Frühe, wenn alles noch still ist, so daß sie nicht abgelenkt wird. Bereiten Sie alles vor. Richtig, ja, sie sollte dunkles Bier und ein halbes Dutzend Brötchen zum Trost bekommen. Ich komme um sechs Uhr.«

Ellie Mays letzter Tag im Zoo Bellevue zog grau, trocken und kalt herauf. Als ich kam, war der große Laster bereits an Ort und Stelle. Der lange Wagen war mit Mühe hin und zurück manövriert worden, bis er in dem kleinen Hof hinter dem Elefantenhaus rückwärts vor der großen Tür stand. Die Rampe war an beiden Seiten eingezäunt und kein Spalt klaffte zwischen den Zäunen und den Türpfosten. Drinnen fütterten Peter und der Wärter die Elefantenkuh, und auch die früh aufgestandenen Mäuse waren da. Ellie May war in friedfertiger Stimmung und erduldete den Stich in ihr Hinterteil mit einem leichten Rüsselschlag an meinen Kopf. Eine halbe Stunde später faßten Peter und der Wärter sie mit einer Hand am Ohr, während sie in der anderen die Brötchen hielten. Zum letztenmal führten sie Ellie May durch den Gang aus ihrem Haus. Ich folgte ihnen gemächlich. Sie bewegte sich ohne ein Zeichen der Erregung und ohne eine Spur von Benommenheit. Als sie bei der Rampe anlangte, murmelte Peter beschwichtigende Worte und bot ihr ein Brötchen an. Der Rüssel ergriff nach kurzem

Schnuppern das Brötchen und dann schritt sie stetig die Rampe hinauf.

Am Ende der Rampe, als sie schon mit dem halben Körper im Lastwagen war, besann sie sich anders. Ebenso stetig ging sie zurück und legte sich zu unserem Entsetzen auf die Rampe.

Die nächsten Stunden waren die reine Hölle. Wir zogen und stießen, schmeichelten und brüllten, flehten und lockten. Wir boten Männer auf, um sie hochzuheben; sogar der Wagenheber des Lasters wurde vorsichtig benutzt, bis Ellie May ihn mit einem Bein mühelos wegfegte. Alles war umsonst. Je mehr wir sie auf der Rampe herumschoben, desto schlimmer wurde ihre Lage. Ich blies ihr so stark wie möglich ins Ohr und machte ihr anregende Injektionen. Nichts half. Nach und nach drehte sich Ellie May auf die Seite, wobei sich ihre dicken Beine grotesk spreizten. Ein Traktor und dann ein Kran wurden aufgeboten, erwiesen sich aber als nutzlos; Ellie May war nicht gesonnen, uns beizustehen. Sie wies keine Verletzung auf, litt keinerlei Schmerzen oder Beschwerden, sondern schien einfach nur beschlossen zu haben, nicht weiterzugehen, unter gar keinen Umständen.

Als es Abend wurde, erfaßte mich tiefe Besorgnis. Mir fielen die ersten Anzeichen physiologischer Komplikationen in dem Koloß auf, der da inmitten eines aufgeregten Gewimmels lag, umgeben von schwitzenden, erschöpften Männern, schwach erhellt von Taschenlampen. Lungengeräusche verrieten ein Ödem, der Puls der großen Oberschenkelarterie war schneller und weniger voll, und das normalerweise rosigrote Maul wurde blaß. Ich injizierte ein kreislaufanregendes Präparat in die Ohrvenen und ließ Heuballen, dicke Decken und eine Flasche Brandy kommen, um Ellie May zu wärmen.

Peter war grau im Gesicht und zum Umfallen müde. »Was meinen Sie?« fragte er. »Ist das nicht ...« Er konnte den Satz nicht beenden; aber ich wußte, was er dachte.

»Wir müssen sie für die Nacht gut verpacken«, sagte ich. »Sonst können wir im Moment nichts mehr tun. Vielleicht wird sie sich nach der Nachtruhe besinnen und uns alle zu Narren machen, indem sie plötzlich aufsteht.«

Wir wußten beide, daß das Quatsch war. Ich fuhr nach Rochdale, um bei meinen Eltern zu übernachten. Peter blieb bei Ellie May.

Am folgenden Morgen kehrte ich bei Tagesanbruch in den Zoo

zurück. Wie ich es mir gedacht hatte, lag Ellie May immer noch wie ein riesiger grauer Frosch da. Durch ihre Lage war starker Druck auf die inneren Organe ausgeübt worden, und ihre Lungen waren jetzt in bedenklichem Zustand. Hypostatische Pneumonie war entstanden, das Herz geschwächt.

Es war nichts mehr zu machen. »Sie muß eingeschläfert werden«, sagte ich zu Peter.

Er nickte. Sein eingefallenes Gesicht war staubbedeckt. »Wollen Sie es machen?« fragte er ruhig.

»Nein. Lassen Sie lieber einen Scharfschützen kommen. Es muß ein Herzschuß sein.«

Nie war ich unglücklicher gewesen. Das Schicksal hatte mir einen satanischen Schlag erteilt. Es war das Ende eines tragischen vollen Kreises, der allerdings auch die glücklichsten Stunden meines Lebens umfaßt hatte. Am Anfang war Chota gewesen. Dann kam Mary, die unter Anästhesie ebenfalls an hypostatischer Pneumonie gestorben war, zu der Zeit, als mir die reversiblen modernen Präparate noch nicht zur Verfügung gestanden hatten. Und jetzt, an meinem letzten Tag im Zoo Bellevue, dieser unglückselige Vorfall. Noch nie hatte ich einen Elefanten abgetan. Wenn Ellie May sterben mußte, dann durch die Hand eines anderen. Peter war ein guter Schütze, und das Zoo-Arsenal enthielt viele Feuerwaffen, doch ich wußte, daß er genauso fühlte wie ich.

Er ließ einen Mann vom Schützenverein kommen. Als er erschien, malte ich mit Kreide einen Kreis auf die Stelle, wo Ellie Mays Herz matt schlug, und entfernte mich unter dem Vorwand, mit dem Abdecker sprechen zu müssen. Ich begab mich in mein altes Labor im Elefantenhaus, um den Mann anzurufen. Als der Knall ertönte, kam er mir so laut vor, daß ich meinte, ganz Manchester müßte aufgeschreckt werden.

Ich kehrte dann zurück, horchte Ellie Mays Herz mit dem Stethoskop ab, um mich zu vergewissern, daß sie wirklich tot war, dann schlich ich davon. Diesmal hatte ich kein Interesse daran, den Kadaver zu sezieren. So endete alles im Zoo Bellevue.

Alle paar Monate fahre ich durch den verlassenen Zoo von Manchester. Ich weiß selbst nicht recht warum. Es freut mich, daß mich der neue Parkpförtner sofort passieren läßt, wenn ich das Fenster hinunterkurble und wie einst sage: »Ich bin der Tierarzt.« Vielleicht glaubt er, irgendwo seien immer noch Tiger oder Giraffen. Für mich sind sie freilich noch da, wenn ich durch die verwahrlosten Gebäude gehe, hier uralte Oryxexkremente sehe, da Hülsen der Sonnenblumenkerne, die meine längst dahingegangenen Aras fallengelassen haben, in einem Winkel des Affenhauses ein Stückchen des Drahtgitters, durch das ich einmal tüchtig gebissen worden war, einen Baum in voller Blüte, unter dem sich ein entwichener Leopard verborgen gehalten hatte ... ach, es sind tausend Dinge, die das ganze quirlende Leben wiedererstehen lassen.

10

Eine ungewöhnlich stille Zeit – ohne Anrufe oder Telegramme – gab mir Gelegenheit, mich einem Buch zu widmen, das die BBC mir in Auftrag gegeben hatte, ein Kochbuch für Haustiere. Das war keine ganz einfache Sache, doch gerade deshalb eine Möglichkeit, meine Gedanken von Ellie May und vom Zoo Bellevue abzulenken.

Ich stand gerade in der Küche und rührte ein Katzenmenü zusammen. Der Küchenchef des Zaren Nikolaus I. in St. Petersburg mag einen himmlischen Borschtsch gekocht und mit leichter Hand den Teig für Blinis zusammengerührt haben, aber die Speise, die er täglich für die Katze seines Herrn zubereitet haben soll, kam mir widerlich vor. Auch Lenin, mein eigener genußsüchtiger Kater, schien meine Ansicht zu teilen, als ich ihm dieses Gericht vorsetzte, das laut Rezept aus Kaviar in Champagner, gehackter Haselmaus, Waldschnepfeneiern, Butter, Hasenblut, Sahne, Kerbel und Suchumi-Käse bestand. Er lehnte den braunen Brei mit einem Pfotenschütteln ab und stolzierte beleidigt aus der Küche. Allerdings hatte ich den echten Kaviar, die Haselmaus, das Waldschnepfenei und den Suchumi durch Seehasenfischrogen, gehacktes Hühnerfleisch, Zwerghuhnei und Edamer ersetzt, aber der Champagner war bester Taittinger, und die Sahne unseres Milchmannes war so dick und köstlich, wie es sich die Romanows wohl nur geträumt haben mögen.

Mein gastronomischer Ehrgeiz war es von jeher, die vollkommenste Muschelsauce für mein liebstes Teigwarengericht, Spaghetti vongole, zu kreieren. Im Grunde ist das ein einfaches Gericht, dennoch kann es von einer Delikatesse sein, an der es manch ein Restaurant fehlen läßt; und das Bemühen, gerade diese Delikatesse hineinzuzaubern, hat mir viele herrliche Stunden der Entspannung geschenkt. Die »Vongole« sind kleine Muscheln, die im Mittelmeer leben, mit denen verglichen die Herzmuscheln an der Nordküste von Lancashire geschmacklich geradezu plebejisch sind. Ich aber experimentierte mit den gewölbten Herzmuscheln, die man an der Südküste von England in der Nähe von Littlehampton findet. Dieses sublime Schalentier ist fraglos der Mohammed

Ali oder die Maria Callas der Vongole-Saucen: Es hat Klasse. Man muß es, wenn möglich, lebend fangen und über Nacht so füttern, wie meine Großmutter es mich gelehrt hat: Man legt die Muscheln in Wasser, dem man Salz und feines Hafermehl beifügt.

Wenn der Elefant mein Lieblingswirbeltier ist, so ist die Herzmuschel – möge sie in Frieden ruhen – mein liebstes Weichtier, obwohl sie kaum jemals auf der Liste meiner exotischen Patienten erscheinen wird. Immerhin, als ich beim Delphinfang in Florida einmal eine große Menge Mollusken öffnete, die aus abwasserverseuchtem Wasser stammten, stellte ich fest, daß sechzig Prozent von ihnen von Krebs befallen waren ...

Nachdem Lenin es abgelehnt hatte, dem Katzenfutter des Zaren auch nur einen einzigen Stern zu verleihen, befaßte ich mich mit meinem nächsten Experiment: »Hochgenuß für Felix«, ein Ragout aus Dorschrogen und Fleischklößen. Hanne steckte den Kopf durch die Küchentür, betrachtete verzweifelt die Unordnung, eines der Hauptmerkmale meiner einfallsreichen Kochkunst, und rümpfte die Nase, wohl wegen der Lungen-Milz-Mischung, die in unserem Kochtopf munter auf dem Herd brodelte.

»Liliana ruft aus Madrid an«, sagte sie. »Es handelt sich wieder um den Panda.«

Mit klebriger Hand ergriff ich den Hörer des Wandtelefons. »Olà, Liliana, qué tal?«

Liliana war nicht in der Stimmung für unser übliches Wortgeplänkel über die Frage, ob die See-Elefanten vor den Falklandinseln Argentinier oder Briten sind oder wer hübscher ist, die Mädchen in Buenos Aires oder die Mestizen von Rio. »David, Chang-Chang geht es schlecht. Heute hat er nicht nur wieder Schleim im Kot gehabt, sondern auch zum erstenmal erbrochen. Er wiegt nur noch achtzig Kilo. Können Sie sofort kommen?«

Das war schlimm. Die Symptome, die Andrew mir während meines Aufenthaltes in Abu Dhabi am Telefon beschrieben hatte, waren tatsächlich so unheilvoll, wie ich befürchtet hatte. Der Panda mußte gründlich untersucht werden, und das hieß, ihn vollständig unbeweglich zu machen, was mit dem Quetschkäfig nicht möglich war. Also eine Vollnarkose, eine andere Lösung gab es nicht. Doch kein Mensch hätte mir sagen können, welches Betäubungsmittel beim Großen Panda in Frage kam.

»Ich nehme das nächste Flugzeug«, antwortete ich. »Und ich

werde David Wild bitten, ebenfalls zu kommen. Ich muß mir Chang-Changs Magen von innen ansehen.«

David Wild in Manchester war Magen-Darm-Spezialist, ein berühmter Chirurg, der sich auf dem Gebrauch des Fiberskops verstand, eines langen Spiegelinstruments, das sich von den gewöhnlichen Endoskopen durch größere Helligkeit und unbeschränkte Flexibilität unterschied. Wir hatten es uns erst kürzlich zugelegt. Als ihn meine Nachricht erreichte, operierte er gerade in einem Krankenhaus bei Lancaster mit eben diesem Instrument eine Frau mittleren Alters, der er eine Darmgeschwulst entfernen mußte. Er verlor keine Zeit; sowie der Tumor entfernt war, wusch er sich, zog sich um und eilte zu seinem Wagen. In Heathrow erreichte er in letzter Minute das Flugzeug nach Madrid, in dem ich bereits saß. Er roch noch schwach nach Lysol und Halothangas, als er in den Sitz neben mir sank.

»Was gibt's eigentlich, Meister?« keuchte er. »Ich brauche einen doppelten Brandy, um zu Atem zu kommen.«

In meiner Aufregung, ihn möglichst schnell aufzubieten, hatte ich vergessen, ihm zu erklären, warum wir nach Madrid fliegen mußten. Das war schon bei anderen Notfällen vorgekommen; manchmal waren wir zusammen nach Deutschland, Frankreich oder Panama gereist, ohne daß er gewußt hatte, wohin der Flug ging, bis wir uns am Billettschalter getroffen hatten. Ich skizzierte ihm das Problem, während er sich am Brandy erlabte, und er begriff das Hauptdilemma sofort.

»Und wie gedenkst du diesmal das Stachelschwein zu narkotisieren?« fragte er.

Richtig. Wie narkotisierte man zum erstenmal einen Großen Panda? Genauer gesagt, wie vergewisserte man sich, daß er das Bewußtsein wiedererlangen würde? Ich erinnerte mich nur zu gut an den ersten Affen, den ich als junger Tierarzt betäubt hatte: Er war nach der Injektion mit Themalon, dem damals besten Präparat für Hunde, prompt verendet. Ich mußte eine Wahl treffen. Was sollte ich der Vorratskammer entnehmen? Etorphin, Xylazin, Barbiturate, Saffan, Phenocylidin, Ketamin, Äther oder Halothan, eines der allerneusten Experimentalpräparate wie Tiletamin oder eine Mischung von zwei oder mehr starken Betäubungsmitteln? Die Namen summten mir im Kopf herum wie zornige Bienen. Als wir uns für die Landung in Spanien anschnallten, hatte ich mich noch immer nicht entschieden.

Es war kurz nach dem Neujahrsfest, und es lag Frost in der mir vertrauten Luft von Madrid, die nach scharfem Tabak und Möbelpolitur roch. Auf den Avenidas sprühten die beleuchteten Springbrunnen Fontänen in die abendliche Dunkelheit, und die Taxifahrer ließen ihre Autoradios plärren, als wir zum Zoo Casa de Campo fuhren. In der Küche des Pandahauses saßen Liliana, Antonio-Luis und die Wärter rings um die Kochplatte und tranken schwarzen Kaffee aus Pappbechern.

Ein Blick durchs Guckloch auf Chang-Chang bestätigte Lilianas Bericht. Der Panda würgte immer noch und litt offensichtlich unter argen Bauchschmerzen, die ihn veranlaßten, zwischen den Übelkeitsanfällen zu stöhnen und sich zu winden. In dem Erbrochenen sah ich so etwas wie Kaffeesatz – Blut, das durch den Kontakt mit Magensäure dunkel geronnen war. »Morgen muß er als erstes betäubt werden«, sagte ich zu Liliana, die sich über die Bedeutung des »Kaffeesatzes« ebenfalls klar war.

»Womit wollen Sie ihn betäuben?« fragte sie.

»Ich weiß es noch nicht. Lassen Sie es mich überschlafen, falls ich überhaupt schlafen kann.«

»Und was ist mit dem Panda-Konsilium?«

Oh, das Königliche Panda-Konsilium! Sein voller Titel war in Wirklichkeit viel länger und hörte sich großartig an. Es war vom König eingesetzt worden, mit der Auflage, über die Erhaltung seiner beiden kostbaren Geschenke zu wachen. Es bestand aus mehreren Herzögen, einigen Stadträten, zwei Universitätsprofessoren und Vertretern der Zoodirektion, die alle praktisch nichts taten. Theoretisch hatten sie alles und jedes, was die Pandas betraf, zu bestimmen; aber von Anfang an hatten wir darauf hingewiesen, daß es unsinnig sei, wenn sie sich in tierärztliche Angelegenheiten einmischten. Die Zoodirektoren Dr. Cordan und Dr. Celma fügten sich in alltäglichen Dingen den Entscheidungen des Konsiliums; aber wir hatten ein System entwickelt, es vor vollendete Tatsachen zu stellen.

»Wir machen einen Bericht, wenn alles vorbei ist«, antwortete ich.

»Und wenn etwas schiefgeht?«

»Dann werden wir dafür geradestehen. Aber wenn wir die Leute jetzt benachrichtigen, mischen sie sich ein und verzögern nur alles, ohne einen nützlichen Beitrag zu leisten. Ich übernehme die volle Verantwortung.«

Ich hoffte, daß meine Worte zuversichtlich und selbstsicher klangen. Im stillen fragte ich mich, wie König Juan Carlos und sein Konsilium reagieren würden, wenn Chang-Chang aus der Narkose nicht mehr erwachte. Gab es im modernen Spanien ein Gegenstück zu Torquemadas Inquisition, das ketzerische englische Tierärzte auf die Folter spannen konnte?

Später in der Nacht fand ich in meinem Hotelzimmer keinen Schlaf. In meinem Kopf wurde eine Debatte ausgetragen. Inhalationsnarkose mit offenem System, bei dem das Narkotikum tropfenweise verdampft, kam nicht in Frage. Es war unmöglich, dem Panda eine Maske vors Gesicht zu halten, als ob er friedlich in einem Zahnarztstuhl säße, und wenn man einen Schlauch benutzte, mußte man zuerst auch ein chemisches Betäubungsmittel injizieren, um den Schlauch in die Luftröhre zu bekommen. Alles lief auf dieselbe Frage hinaus: Welches Injektionsmittel wirkte bei einem Großen Panda sicher und risikofrei? Nichts war darüber veröffentlicht worden, und die Chinesen, bei denen ich 1974 gewesen war, hatten damals nichts enthüllt, falls sie überhaupt etwas gewußt hatten. Ich kannte die starke Wirkung winziger Etorphinmengen auf bestimmte Tiere und hatte auch nicht vergessen, daß Menschen und andere Primaten bei der Anwendung gestorben waren. Ein Teelöffel voll genügte, einen wilden Afrikanischen Elefantenbullen mitten im Lauf tot umfallen zu lassen. Phenocyclidin hatte Langzeitwirkung und war irreversibel. Barbiturate waren allzu nachhaltig oder mußten intravenös injiziert werden, und ich konnte mich nicht dafür verbürgen, selbst im Quetschkäfig eine Vene zu treffen. Xylazin und Saffan waren Spezialpräparate, und auch da gab es kein Gegenmittel, wenn etwas schiefging. Die neuen Experimentaldrogen schienen mir viel zu gewagt zu sein.

Als der Morgen bereits dämmerte, faßte ich endlich einen Entschluß. Ich wollte eine Mischung benutzen, und zwar Valium, das Schlafmittel, das sich bei allen Tierarten von Schimpansen bis zu Hornvögeln als ungefährlich erwiesen hatte, und Ketamin, ein Anästhetikum, das vom Säugetierkörper rasch ausgeschieden wird. Im allgemeinen. Jedenfalls hatten alle Tiere, die ich im Laufe der Jahre behandelt hatte, diese beiden Präparate vertragen. Ich wollte darauf setzen – ein erbarmungsloses, aber zutreffendes Wort –, daß es bei den Großen Pandas ebenso sein würde. Nachdem ich die Entscheidung getroffen hatte, fiel ich in tiefen, pandafreien Schlaf, aus dem ich schon bald durch den Zimmerkellner geweckt wurde, der mir das Frühstück brachte und die Vorhänge aufzog.

Um acht Uhr waren wir alle wieder im Pandahaus versammelt. Chang-Chang sah wie ein Häufchen Elend aus, als wir ihn in den Quetschkäfig lockten. Behutsam betätigte Antonio-Luis die Kurbel, die den Käfig verengte. Als Chang-Chang seinen phänomenalen Kopfstand machte, stach ich ihm die Nadel ins Hinterteil und drückte den Kolben der Spritze hinunter. Ich hatte den Rubikon überschritten.

Anderthalb Minuten später, viel rascher, als ich erwartet hatte und als mir lieb war, sank Chang-Chang in die Knie und fiel ohnmächtig um. Die Käfigtür wurde geöffnet, und er wurde in den Raum gezogen, wo die Operation vorgenommen werden sollte. Um das Maul des Pandas während der Gastroskopie offen zu halten, brauchte ich ein knebelartiges Instrument. Es gibt derartige Instrumente für Menschen, Hunde, Katzen, Pferde, Rinder und andere Haustiere; doch da der Markt für Pandaknebel aus verständlichen Gründen klein ist, hat man ihn noch nicht erfunden. Ich stellte jedoch fest, daß sich ein Retraktor aus rostfreiem Stahl, den man bei Menschen benutzt, um den Unterleib offen zu halten, dem Zweck vortrefflich diente, denn die Haken paßten genau auf Chang-Changs untere Eckzähne.

David hatte inzwischen die elektronische Zauberkiste aufgestellt, die den starken Lichtstrahl, die Wasserspülung und die komprimierte Luft des Endoskops hervorbringt. Eine Spezialkamera stand für die Aufnahmen bereit, alle notwendigen Instrumente für Biopsie und Kauterisation waren da, auch Schläuche zum Aufsaugen von Magensaftproben. Zuerst untersuchte ich Atmung und Puls des Pandas, entnahm einer schönen dicken Vene, die ich in seinem Unterarm fand, ungefähr an der gleichen Stelle wie bei Hunden, Katzen und Löwen, eine Blutprobe für die Analyse. Ich stellte fest, daß Chang-Chang unter seinem dicken Fell recht mager war. Nachdem ich dann das Endoskop mit chirurgischer Salbe eingeschmiert hatte, führte ich es über die dicke Pandazunge in den Rachen ein. David betätigte die Kontrollen, säuberte die Linsen vom Schleim und steuerte die bewegliche Spitze an der Luftröhre vorbei. Ich beobachtete den Prozeß durchs Okular und sah das Innere der Speiseröhre vor mir wie einen Tunnel. Plötzlich drangen wir in eine Zone vor, wo die Wände häßlich und rot waren, besetzt mit Geschwüren – der untere Teil der Speiseröhre war entzündet (in der Medizin heißt diese Erkrankung Ösophagitis). Die weitere Einführung des Endoskops machte jetzt keine Mühe mehr; die Spitze drang in den Magenmund ein. Schaumige braune Flüssigkeit spülte an die Linsen, und der Kontrollapparat summte, als David sie wegspritzte. Der Widerstand gegen den Schlauch hörte augenblicklich auf, als wir ins Innere des Magens vordrangen. David blähte ihn rasch mit Luft auf und drehte die Spitze des Endoskops hin und her, so daß wir die Wände inspizieren konnten.

Es war ein schrecklicher, nahezu surrealistischer Anblick. Während ich durch mein Okular spähte, wurde ich zum Höhlenforscher, der zum erstenmal in einer großen, rotausgekleideten Grotte steht. Dach, Wände, Boden, alles war dunkelrot. Von oben rieselten Blutstropfen, die, wie es mir vorkam, um meine Füße Lachen bildeten. Ich war in eine Höllenvision von Hieronymus Bosch hinabgestiegen!

An einer Stelle war die Magenwand durchlöchert, und dann ließ der wandernde Lichtstrahl ein Geschwür nach dem andern erkennen. Auch der Magenausgang war geschwollen und entzündet. Ganz vorsichtig berührte David mit der Spitze die Magenwand, die an dieser Stelle sofort zu bluten begann. Die Schleimhaut war beängstigend empfindlich. Ich hörte das Zischen, als David noch mehr Luft in den Magen pumpte.

»Weiter, laß mich auch den Zwölffingerdarm sehen«, sagte ich, und wie zwei unermüdliche Höhlenforscher strengten wir die Augen an, als sich das Endoskop in den ersten Darmabschnitt schlängelte. Nachdem wir den Magenausgang hinter uns gelassen hatten, sahen die Dinge wieder viel besser aus. Das grelle Rot wich sofort einem gesunden Gelblichrosa, und die Tunnelwände waren unversehrt.

»Hier ist alles in Ordnung«, sagte David, der ebenso gespannt wie ich durch sein Okular spähte.

»Also zurück«, antwortete ich. »Wir wollen nun den ganzen Magen und die Speiseröhre fotografieren. Ich brauche auch Proben von der Schleimhaut und vom Magensaft.«

Chang-Chang hatte, das war klar, akute, schwere Magengeschwüre. Je schneller mit der Behandlung begonnen wurde, desto besser. Wir machten uns daran, die Proben zu sammeln – wie Höhlenforscher Stalagmitenstückchen und Steine sammeln –, und zehn Minuten später zogen wir das Endoskop zurück. Zu meiner Freude atmete Chang-Chang immer noch kräftig. Er begann die

Zunge zu bewegen, ein Zeichen, daß er allmählich zu sich kam. Ich injizierte ihm ein gewebeheilendes Hormon und ein schmerzstillendes Mittel. Danach trugen wir ihn in sein Schlafquartier und beobachteten ihn. Die Freude verging mir, als seine Muskeln fünf Minuten später auf sonderbare Weise zu zucken begannen. Ähnliches hatte ich bei Wölfen gesehen, denen bestimmte Experimentalanästhetika in starker Dosierung verabreicht worden waren. Das Zittern verbreitete sich, und ich befürchtete, daß es von einer Überdosis herrührte und zu Krämpfen führen würde. Sollte ich mit etwas Barbiturat dagegen angehen? Ich entschied mich dafür, die Zähne zusammenzubeißen und vorläufig nichts zu unternehmen. Ich kniete nieder und blies ihm ins Ohr, das daraufhin zuckte. Gut so, aber das Zittern hörte nicht auf. Eine halbe Stunde verstrich, während der ich um zehn Jahre alterte, dann brach das Zittern wie mit Zauberschlag ab, Chang-Chang erhob sich taumelnd auf die Füße und zog sich auf seine Schlafplanke hinauf. Ulkiger, geheimnisvoller Panda – was für eine Art, zu sich zu kommen; aber es sah ganz so aus, als ob ich mit meiner Narkotisierung diesmal davongekommen wäre.

»Was ist Ihre Ansicht, Herr Kollege?« fragte Dr. Celma, der während der Untersuchung ins Pandahaus gekommen war und stumm zugeschaut hatte.

»Magengeschwüre«, erklärte ich. »Nicht ganz die Managerkrankheit, doch sehr ähnlich.«

»Und was läßt sich dagegen machen?«

Jeder weiß, daß Bambus als Lieblingsnahrung des Großen Pandas gilt, aber in China hatte ich erfahren, daß die freilebenden Pandas meilenweite Strecken zurücklegen, um in die Hütte eines Waldarbeiters einzubrechen und Fleisch- oder Hühnerbraten zu stehlen, wenn sie etwas Derartiges wittern. In Madrid waren Shao-Shao und Chang-Chang wie alle in Gefangenschaft gehaltenen Pandas mit frischem, saftigem Bambus gefüttert worden, der stets gründlich gewaschen wurde, damit man sicher war, daß an den Blättern keine Ungeziefer-Vertilgungsmittel hafteten. Pandas sind keine wohlerzogenen Esser. Sie knabbern nicht zierlich, sondern schlingen die Nahrung in sich hinein, und an den Exkrementen ist zu erkennen, wie schlecht sie kauen. Ganze Brokken von harten Bambusstengeln gehen unverdaut ab. Nachdem ich mit eigenen Augen gesehen hatte, was eine leichte Berührung mit der weichen Gummispitze des Endoskops an Chang-Changs

Magenschleimhaut anrichten konnte, beschloß ich, einen geradezu umwälzenden Rat zu geben.

»Chang-Chang darf keinen Bambus mehr fressen«, sagte ich. Alle sahen mich fassungslos an. Ein Großer Panda ohne Bambus, das war ungefähr das gleiche, als wollte man Winnie the Poo den Honig entziehen oder Falstaff zu einer Mineralwasser-Diät verurteilen. »Kein bißchen Zellstoffnahrung mehr«, betonte ich. »Schluß mit Mohrrüben und Äpfeln. Er muß auf dieselbe milde Diät gesetzt werden wie ein Mensch, der unter Magengeschwüren leidet.«

Ich ging ins Detail: Milch, Kinderbrei, Reispudding, Honig und Eier. Als Medikament verordnete ich Cimetidin, das Wunderheilmittel, das die Behandlung der unter Magengeschwüren leidenden Menschen revolutioniert hatte. Dreimal täglich sollte Chang-Chang eine zerdrückte Tablette mit der Nahrung erhalten. »Geben Sie ihm nur kleine Portionen, aber oft«, bestimmte ich, »damit immer nur wenig Magensäure produziert wird.« Wenn ich Glück hatte, würde das Cimetidin die Produktion der Magensäure bei Pandas ohnehin ebenso stark herabsetzen wie bei Menschen, Seelöwen und Delphinen.

Die Injektionen hatten die Magenschmerzen, an denen Chang-Chang gelitten haben mußte, sichtlich behoben, und nachdem er später am Tage die Wirkung des Betäubungsmittels ausgeschlafen hatte, blickte er sich nach Futter um. Ich begann sofort mit der Behandlung. Der nahrhafte, wenn auch sonderbar aussehende Brei schien ihm zu schmecken, denn er schmatzte genießerisch, so daß ich mich nicht zu sorgen brauchte, daß er seine Diät zurückweisen würde. Chang-Chang genas verhältnismäßig ebenso schnell, wie er aus der Narkose erwacht war. Nach der Operation erbrach er sich kein einziges Mal mehr, verhielt sich so normal wie jeder manisch-depressive Panda, schlief lange Stunden hindurch, tollte danach im Gras wie ein Teddybär und ging wieder schlafen. Sein Appetit war ungeheuerlich, und es kümmerte ihn nicht, ob sein Krankenbrei nach Erdbeeren, Schokolade, Bananen oder gar nichts schmeckte – er schluckte alles mit behaglichem Schlürfen. Da die fixfertigen Packungen in Spanien nicht zu haben waren, ließen wir sie kistenweise aus England kommen, und in den ersten Wochen durften wir sogar durch die spanische Botschaft in London vom zollfreien Diplomatengepäck Gebrauch machen.

Am erfreulichsten war es, daß Chang-Chang zwanzig Kilo zunahm und ein prächtiges, glänzendes Fell bekam. Als David Wild und ich am Ende der fünften Woche abermals nach Madrid flogen, um die Magenspiegelung zu wiederholen, war er in bester Verfassung. Die Untersuchung ging genauso vor sich wie das erste Mal, und obwohl ich die Dosierung von Valium und Ketamin herabsetzte, trat in der Phase des Erwachens wieder das beunruhigende Zittern auf.

Welch ein Unterschied! Die Grand-Guignol-Bühnendekoration, vor der wir damals gestanden hatten, war jetzt in eine Aladin-Höhle verwandelt, mit gesunden rosigen Wänden und ganz normalem Magensaft. So gründlich wir das Gewölbe auch absuchten, wir fanden in keiner Ritze ein zurückgebliebenes Geschwür. Nur am Ende der Speiseröhre war die Schleimhaut noch ein wenig entzündet.

Viele Monate ließ ich Chang-Chang strenge Diät halten, nur erlaubte ich, nachdem ich den gesunden Magen gesehen hatte, daß eine kleine Menge zartester Bambusblätter hinzugefügt wurde. Entgegen der Meinung der brahmanischen Gelehrten, die zu wissen glauben, was Pandas bevorzugen, schien sich Chang-Chang aus der Pflanze nichts mehr zu machen, und er hat seinen Geschmack seither nie mehr geändert. Seine Nahrung besteht immer noch zum weitaus größten Teil aus Krankenbrei. Er liebt den Brei, und der Brei bekommt ihm gut, wozu also darüber streiten?

Wer nach Madrid kommt, der sollte unbedingt Chang-Chang und seiner Gefährtin im Zoo Casa de Campo einen Besuch abstatten, und wenn Sie das Schild an ihrem Haus lesen, das über den Großen Panda Auskunft gibt und die Anmerkung enthält, die Lieblingsnahrung der Pandas sei Bambus, dann blinzeln Sie Chang-Chang zu. Sie und er wissen es besser. Er soll schon zurückgeblinzelt haben!

Gary Jennings

Der Azteke

Roman. Band 8089

Hauptperson dieses Buches ist das aztekische Volk. Es wird vertreten durch den aus einer Handwerkerfamilie stammenden Mixtli – Schwarze Wolke. Mixtli erzählt die Geschichte seines Lebens spanischen Geistlichen, die im Auftrag des in Madrid herrschenden Kaisers Karl V. Informationen über Neuspanien beschaffen sollen. Und er erspart seinen schockierten Zuhörern nichts: seine Liebesabenteuer, Schilderungen der blutigen, nach Tausenden zählenden Menschenopfer, die Zügellosigkeiten der feinen Gesellschaft des Aztekenreiches. Er berichtet aber auch über die Sitten und Gebräuche, Wirtschaft, Kulte – über Land und Leute der Azteken. Sein Bericht ist ein Roman über eine untergegangene Zivilisation und über den Zusammenprall zweier Kulturen.

Fischer Taschenbuch Verlag

fi 365/1

David Taylor

Ein Herz für wilde Tiere
Erlebnisse eines Zoo-Tierarztes
Band 3010

Als Arzt für Großtiere bewegt sich der Autor auf zum Teil recht unerforschtem Gebiet. Seine exotischen Patienten haben oft Krankheiten, die nur schwer herauszufinden und noch schwerer zu behandeln sind.
Seine oft haarsträubenden, aber sehr oft auch komischen Erlebnisse mit Tieren und Menschen faßt Dr. Taylor in diesem Bericht zusammen. Für Tierliebhaber eine aufschlußreiche und zugleich amüsante Lektüre!

Das Nilpferd muß ins Bett
Band 8059

Ein Buch für alle, die gern ein Nilpferd in der Badewanne und drei Giraffen auf dem Balkon hätten.

Zwei Meter Halsschmerzen
Band 8060

Das Buch überzeugt durch unsentimentale Tierliebe, durch außerordentliches Engagement für die wilden Patienten. Und so ganz nebenbei lernt der Leser vieles hinzu über die oftmals unverstandenen Exoten in unseren Zoos.

Der nächste Panda bitte...
Band 8180

Die Pandabären vertragen keinen Bambus, die Schwertwale aus der Arktis leiden an Frostbeulen, und ein Gürteltier verirrt sich in London: Der Veterinärpapst David Taylor stellt seine neuesten Patienten vor. Wieder beeindruckt er durch brillante Sachkenntnis und amüsiert durch seine humoristischen Schilderungen.

Fischer Taschenbuch Verlag

fi 363/3